U0262226

The Magical Insect World

神奇的昆虫世界

魏东晨 著

图书在版编目（CIP）数据

神奇的昆虫世界 / 魏东晨著. -- 北京 : 东方出版社，2025. 3. -- ISBN 978-7-5207-4091-3

Ⅰ. Q96-49

中国国家版本馆 CIP 数据核字第 2024C95V99 号

神奇的昆虫世界

SHENQI DE KUNCHONG SHIJIE

作　　者：魏东晨
策划编辑：鲁艳芳
责任编辑：杨朝霞
出　　版：東方出版社
发　　行：人民东方出版传媒有限公司
地　　址：北京市东城区朝阳门内大街166号
邮　　编：100010
印　　刷：北京启航东方印刷有限公司
版　　次：2025年3月第1版
印　　次：2025年3月北京第1次印刷
开　　本：880毫米 × 1230毫米　1/32
印　　张：7.5
字　　数：125千字
书　　号：ISBN 978-7-5207-4091-3
定　　价：49.80元
发行电话：（010）85924663　85924644　85924641

引 言

昆虫的世界如同星空、宇宙一样神秘、神奇和深奥。星空离我们遥不可及，而昆虫的世界离我们很近，与我们的生活更加紧密。大自然和我们生活的周围，昆虫这种神奇的动物无处不在。

昆虫与人类生产生活交集很多，是大自然中神奇的精灵，我们不仅惊叹于其 4 亿多年的进化繁衍历史，还被其多姿多彩、奇特神奇的各种造型所惊艳。我们好奇于昆虫神秘的生命形式和生存之道，更会被昆虫为了完成传宗接代而献身牺牲的精神所震撼。

许多人对昆虫从初步了解到热爱，再到痴迷，进而走进深山老林探究、找寻和发现新的昆虫物种；不少人把昆虫制成标本收藏；也有人把昆虫作为宠物饲养，或作为食材和药材专门养殖。尽管如此，对于昆虫世界，大多数人还是知之甚少。神奇的昆虫世界，还有许多人类未知的领域、秘密有待发掘和探索。

我们听惯了夏日里蝉的鸣叫，看多了蚂蚁神奇的分工协作，享用了蜜蜂传粉结实的粮食和酿造的蜂蜜，观赏了蝶变过程的神奇。但大多数人不知道的是：蝉为了这一声鸣叫，在地下一待就是好多年；蚂蚁为了完成一项工程，需要上千只工蚁的协作；蜜蜂为了酿造更多的蜂蜜，奔波了多少路程，付出了多少辛劳；蝴蝶在完成蝶变前，身体发生了多么神奇的变化。

昆虫的进化和生存之道，充满了神奇的色彩和迷人的魅力。昆虫，是吸引我们去探知、走近和接纳的动物。在昆虫神奇的世界里，无论我们怎么探索都不够；在昆虫这个浩瀚的海洋里，无论我们怎么遨游也很难抵达边界。

本书从神奇的地球“球民”、认识昆虫、神奇的生存之道、昆虫的神奇之处、明星昆虫、常见的昆虫、昆虫与人类生活和走近昆虫八个方面进行通俗易懂的讲述，并配有丰富的图片及讲解视频，方便读者阅读，希望能对昆虫爱好者有所助益。

昆虫的世界浩渺而深奥，本书就像海洋里的一粒沙子，无法尽述昆虫世界的神奇，只权当一个引子，希望引来更多昆虫爱好者走进昆虫世界。

作为一个昆虫爱好者，把自己所学、所知的关于昆虫的知识汇总在这本书里，希望能和广大昆虫爱好者有更多的交流，不足之处还请批评、指正。另外，本书得到何焯辉、曾彦等昆虫爱好者的精美照片支持，庞瑞平绘制了部分图片，在此一并表示感谢！

作者

2023 年 10 月

目录
Contents

04 昆虫的神奇之处

05 明星昆虫

4 亿多年前昆虫就出现在地球上，目前全世界已知的昆虫有 100 多万种，是地球上物种数量最多的一个类群，约占已知动物种类的 75%。4 亿多年来昆虫非但没有像恐龙一样灭绝，反而随着时间的推移，种类更加丰富，群体数量更加庞大。和恐龙相比，体形微乎其微的昆虫何以能繁衍几亿年而不灭绝，它们依赖的是什么“生存秘诀”？

01

神奇的地球“球民”

昆虫是地球精灵

昆虫从远古时期起便生活在地球上，是神奇而又古老的地球“球民”。之所以说古老，是因为这一“球民”已经在地球上经历了4亿多年的历史。昆虫在动物进化顺序中属于早中期出现的种类，恐龙出现时间约为2.35亿年前，鸟类出现时间约为1.5亿年前，人类（直立人）出现时间约为100万年前。在人类最初发现昆虫时，它们早就出现并繁衍生息了，昆虫经历过的宇宙变化和地球环境的更替远比人类丰富多了。

为什么说昆虫是神奇的地球“球民”呢？昆虫经过4亿多年的进化和发展，历经了无数风霜雨雪，目睹了恐龙惨烈的灭绝，陪伴了鱼类、两栖类、爬行类、鸟类、哺乳类等动物的诞生，见证了人类的出现、进化和发展。在4亿多年的历史长河中，昆虫非但没有被淹没，没有像恐龙一样惨遭灭绝，反而种类越来越丰富，成为地球上庞大的动物家族。除了家族庞大外，昆虫能够适应各种环境，它们的足迹遍布地球的每个角落。

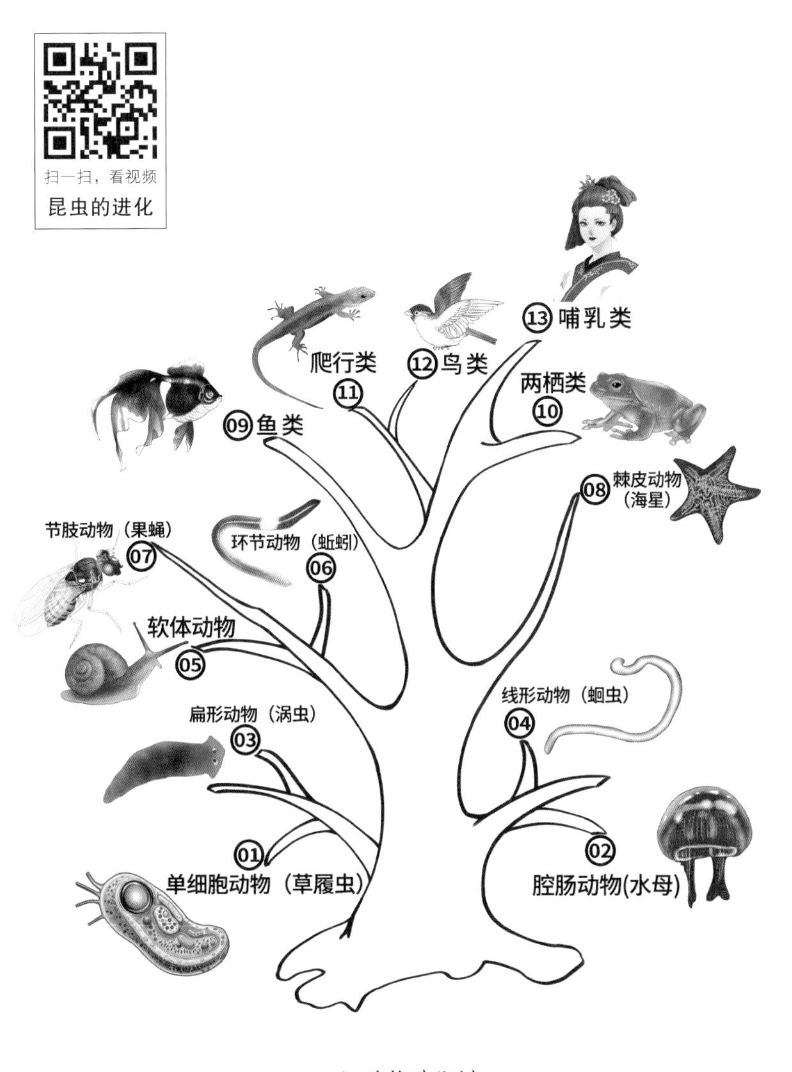
扫一扫，看视频
昆虫的进化
13 哺乳类
12 鸟类
11 爬行类
10 两栖类
09 鱼类
08 棘皮动物（海星）
07 节肢动物（果蝇）
06 环节动物（蚯蚓）
05 软体动物
04 线形动物（蛔虫）
03 扁形动物（涡虫）
02 腔肠动物(水母)
01 单细胞动物（草履虫）

◆ 动物进化树

从天涯到海角，从高山到深渊，从赤道到两极，从海洋、河流到沙漠，从草地到森林，从地上到地下，从野外到室内，从空中到陆地，到处都有昆虫的身影。昆虫对环境的适应能力极强，活力十足，真是神奇的地球精灵。

昆虫神奇的特征

昆虫 4 亿多年来在多种环境下的进化和发展，造就了庞大的种类和数量。到目前为止，已发现的昆虫种类有 100 多

◆ 数量惊人的蚂蚁

万种，最新研究表明，未发现的昆虫种类约是已发现的种类数量的10倍，也就是1000万种。全世界每年都能发现不少新的昆虫种类。

昆虫不但种类多得惊人，而且数量也非常惊人，据估计，如果制作昆虫日历，每个月介绍一种昆虫，能制作超过8万年的日历而不重复。试想一下，一窝蚂蚁大约有500—2000只，一个蜂群大约有5万只蜜蜂。一窝蚂蚁一年可繁殖出15—25窝，一年下来这窝蚂蚁数量是多少呢？整个地球有多少窝蚂蚁呢？总共有多少只蚂蚁呢？这可是天文数字了。而这仅仅只是蚂蚁的数量，加上其他100多万种已发现的昆虫的数量，以及未发现的昆虫种类的数量，昆虫数量庞大得不可想象。据报道，2021年蝗虫灾害在东非、西亚、南亚地区大爆发，数量达到约3600亿只。

◆ 密密麻麻的蚜虫

人们不禁要问，昆虫能够在地球上存

活几亿年，非但没有像恐龙一样遭到灭顶之灾，反而种类越来越多，凭借的是什么样的“超能力”呢？其实，昆虫能长期生存下来，并没有什么“超能力”，主要依赖其进化而来的自身特点。

一、个体小

昆虫个体小，需要的营养能量较少。大部分昆虫个体相对于其他动物来说小了很多，相应地其维持身体发育需要的能量就少很多。据报道，目前发现的最小昆虫是膜翅目缨小蜂科的一种卵蜂，这种卵属于寄生蜂，体长只有 0.21 毫米，人的肉眼几乎看不到，需要借助显微镜才能观察清楚。这种蜂只有嘴和触角，没有眼睛和翅膀。如此小的昆虫，极少的食物就可以满足其能量需求。

二、食源多

昆虫的食物种类多，食源丰富。一种昆虫能够以多种食物作为食源，它们生存容易，不用为食物发愁。比如，我们熟悉的知了——蚱蝉，其幼虫期在地下可以吸食多种植物的根液，成虫期用口扎破嫩的树枝吸食树液，它可以吸食柳树、杨树、榆树等常见树及多种果树的树液，进食方便，这也是我们看到的蚱蝉都是肥肥胖胖的原因。

◆ 蚱蝉钻出地面羽化

三、产卵量大

昆虫的产卵量非常惊人，一只蜂后一生可产上百万粒卵，一只美国白蛾一次产卵量达 600—700 粒，最高达 2000 粒，都可称为产卵专业户。在不良环境和多种天敌威胁的情况下，高产卵量增大了昆虫存活概率。

◆ 美国白蛾雌成虫产卵

四、繁殖快

昆虫具有惊人的繁殖能力，有些昆虫一年能够繁殖10—30代。气候适宜的时候，蚜虫5天就能繁殖一代；由于繁殖快，蚜虫在快速繁殖季节，呈现出非常明显的世代重叠现象，即多个“辈分”的蚜虫同时生活在一起。昆虫产卵量高或一年中多代繁殖的特性，大大增加了昆虫个体的存活量。

◆ 昆虫惊人的繁殖速度

五、冬眠

冬眠是大部分昆虫的习性。昆虫冬眠的时间比较长，有的昆虫进入冬眠时一“睡”就好几个月。不同的昆虫种类冬眠时的虫态不一样，有的以蛹越冬，有的以卵、幼虫或成虫越冬。就如睡眠对人非常重要一样，冬眠对昆虫尤其重要，是大部分昆虫生长发育过程中必不可少的环节。昆虫通过冬眠能够躲过不良的气候条件，继续存活下来，蛰伏到第二年继续生存繁殖。有些昆虫一年的冬眠时间长达 9 个月。比如春尺蠖，它从上一年的 5 月开始以毛毛虫的形态钻到土里，开始冬眠，直到第二年的 2 月才以蛾子的形态钻出土里，这一进一出长达 9 个月，并且在这期间它的形态也发生了巨大的变化，更加有利于第二年繁殖。

◆ 在土里冬眠的蛹

六、飞行

昆虫能成为地球上最古老的“球民”，在很大程度上得益于进化出了用于飞行的翅膀。翅膀有利于昆虫机敏地躲避危险，迁飞寻找食物和伴侣。我们熟知的蝗虫，有着惊人的飞行能力，能连续飞行 3 天。成年蝗虫每天能飞行 160 多千米，在迁飞时可以实现跨洋跨洲飞行。

◆ 昆虫的飞行工具——翅膀（1）

◆ 昆虫的飞行工具——翅膀（2）

七、拟态

拟态是昆虫躲避危险的又一绝招。有些昆虫的拟态形状和颜色，不仔细辨认很难看出来居然是一个活物，让人以为是一节枯枝或一片树叶等。昆虫界的拟态高手要数竹节虫了，当一只竹节虫落在树枝上时，你很难把它和树枝区分开。枯叶蛾也是一个拟态高手，当枯叶蛾落在树上或地面上时，一眼看上去，你会以为它是一片已经干枯的树叶。只有当你接近或触碰它时，它忽然扇动翅膀飞走，你才惊觉它原来是一只会飞的蛾子，你会被它如此形似、如此神奇的拟态能力折服。

◆ 枯叶蛾的拟态

◆ 竹节虫的拟态

八、保护色

昆虫利用保护色（指昆虫的身体颜色与周围环境非常接近）使自己“隐身”，防止被敌人发现。昆虫栖息在与身体颜色相似的环境中，一般很难被发现。保护色帮助昆虫迷惑了敌人，使它们可以高枕无忧地栖息。昆虫当中具有最好的保护色的是兰花螳螂，兰花螳螂的身体颜色与一种兰花非常相似，几乎达到以假乱真的程度。不熟悉兰花花瓣或螳螂形态的人，专门去兰花上找，也不见得能发现兰花螳螂。

◆ 兰花螳螂的保护色

昆虫种类繁多，形态各异，昆虫的身体由哪几部分组成，各部分都包括哪些器官，这些器官都有些什么功能？与其他动物相比，昆虫有哪些明显的特征？

当你遇到一种虫子，不太确定是不是昆虫时，你能用了解到的关于昆虫的知识准确地进行判定。恭喜你，你已经初步掌握了认识生物世界的一种技能，已经可以走进昆虫王国，领略其中的奥秘了。

02

认识昆虫

昆虫的“昆”字在汉语中表示众多的意思，“虫”字的繁体字是“蟲”，古代泛指所有的动物，后来主要指昆虫。

昆虫不是单一指某一种虫子，是所有节肢动物门昆虫纲动物的总称，平常见到的很多虫子都可以称为昆虫。比如，花丛中翩翩飞舞的蝴蝶，花间穿梭忙碌的蜜蜂，路边仪仗队式的蚂蚁，枝上成群密集的腻虫，家中吐丝结茧的蚕宝宝，林间引吭高歌的知了，夜间明亮闪烁的萤火虫，水面上点水飞翔的蜻蜓，叶片上憨厚可爱的瓢虫，草地上滚粪球的屎壳郎，以及令人厌烦的苍蝇、蚊子、蟑螂，这些无一不是昆虫家族的成员。

昆虫长什么样?

昆虫不光种类多，形态更是千奇百怪，不一而足，有的举着长矛，有的扛着大刀，有的穿着花衣，有的伸着长腿，有的似小姑娘，有的像大力士，有的非常漂亮，有的奇形怪状。

尽管昆虫多种多样，但其有相似的基本身体结构。只是不同的昆虫对其自身的结构进行了“自由发挥”，比如，腿和触角的伸长变形，身上的“涂红抹绿”。

昆虫都有哪些基本的身体结构？身体上的各个结构都有什么功能呢？

昆虫身体的明显特征是：身体分为头、胸、腹三个部分。

昆虫的头部是昆虫的感觉和取食中心，有眼、触角和口器等器官。

眼是头部的视觉器官，昆虫的眼通常由 2 只复眼，1—3 只单眼组成。复眼由成千上万个六边形的小眼构成，是昆虫的主要视觉器官。复眼长在头部两侧，呈圆形、卵圆形或肾形，显得大且突出。每只小眼有成套的感光系统，是一个独立的感光单位。昆虫的复眼可以分辨光的方向和强弱，但不能辨识颜色。

◆ 昆虫的形态特征

触角是昆虫的感觉器官，具有嗅觉、触觉和听觉功能，可以帮助昆虫寻找食物和配偶，以及探知周边的物体。昆虫触角的嗅觉功能非常发达，如同其他动物的鼻子，更像昆虫的天线或雷达，有的雄成虫触角能够接收到几十千米以外的雌成虫发出的信息。

◆ 蜻蜓发达的复眼

昆虫身体上的特殊构造

不同昆虫身体上的触角、复眼、足和翅膀，因种类不同而呈现出不同的形状，是长期进化发展选择的结果。

昆虫的触角长在头上两只复眼内侧的小坑里。不同种类的昆虫触角呈现不同形状，通常有锤状、栉齿状、刚毛状、念珠状、球杆状、丝状、具芒状、膝状、鳃叶状、锯齿状、环毛状和羽状 12 种。同一种类昆虫的触角尽管形状相同，但每节的长短、颜色上有差异。

口器即昆虫的嘴，是昆虫的主要取食器官。昆虫的口器有五种类型：咀嚼式口器、刺吸式口器、嚼吸式口器、虹吸式口器和舐吸式口器。

咀嚼式口器由上唇、上颚、下颚和下唇四部分组成。昆虫的上颚特别发达，除了能吃植物的叶子外，还能啃动木头，在树上钻洞，甚至取食其他昆虫的身体。比如，大量的天幕毛虫聚在一起可以把一棵树上的叶子吃光；天牛的嘴能啃木头，能在树干上咬洞钻进树里生活。

刺吸式口器由喙、口针和“针管”组成，这种口针像针头样，能在叶子上、其他动物或人的皮肤上扎眼喝汁、吮血，比如，蚜虫的嘴可以刺破叶片表层吸食树液，蚊子的嘴能够轻易扎入人的皮肤吸血。

嚼吸式口器集咀嚼式口器和刺吸式口器的特点，既能咀嚼又能吮吸。比如，蜜蜂的嘴既嚼花粉又吸花蜜。

虹吸式口器像一根长管子，不用时常像钟表的发条那样盘卷在头的下方，用时伸展开来，吸食花蜜、果汁或树液。比

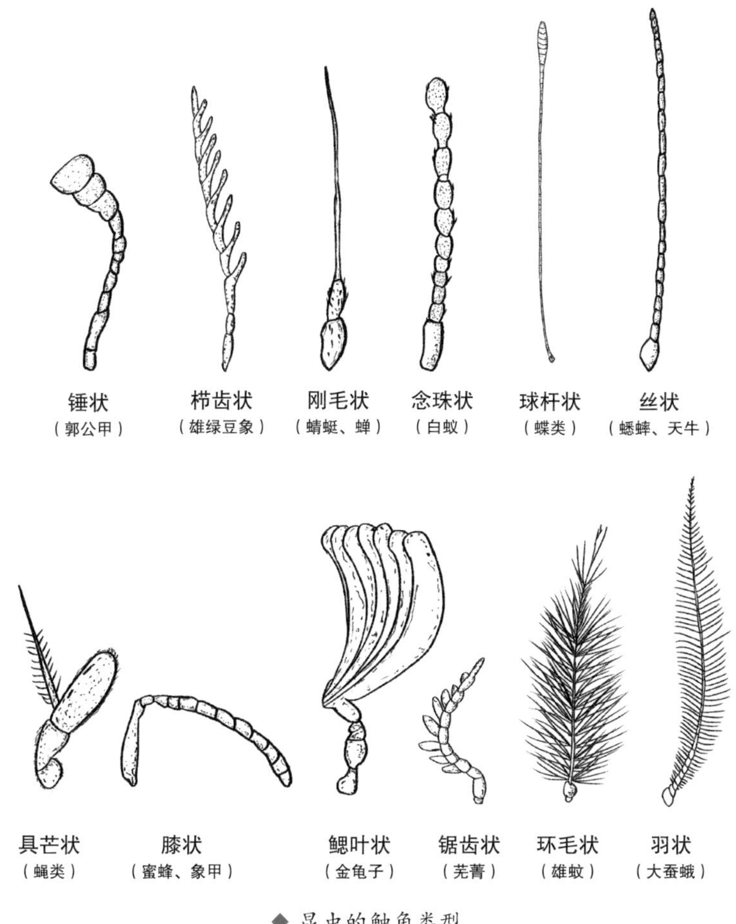

◆ 昆虫的触角类型

如，蝶、蛾吸植物汁液的嘴。

舐吸式口器由喙和唇瓣构成，只能舔食物体表面的汁液。比如，苍蝇舐吸物体表面汁液的嘴。

昆虫的胸部是运动中心，分为前胸、中胸和后胸三个部分，胸部有足和翅膀两种运动器官和“装备”。昆虫的胸部具有发达的肌肉，为足和翅膀的运动提供能量供给。

昆虫的足有三对，这也是昆虫属于六足总纲的原因，三对足分别着生在前、中、后胸腹面的两侧，分别称为前足、中足和后足。昆虫的足由基节、转节、腿节、胫节、跗节、前跗节构成。昆虫的足除了爬行的基本功能外，为了达到捕捉、挖掘、携带、游泳、弹跳和攀悬等目的，不同昆虫根据自身生存的需要，进化出了不同形状的前足或后足，并为前足或后足加持了多种功能。

比如，蜜蜂的后足能够携带花粉；步行甲的 3 对足均用来步行或跑步（步行甲跑起来非常快）；水龟虫可以凭借后足游泳；蝗虫和蟋蟀依靠弹力很强的后足能够跳很高；人虱利用前足可以在毛发上攀悬；龙虱利用前足能够抱握物体；蝉和蝼蛄凭借前足强大的挖掘力可以从土里开掘钻出；螳螂的前足如同大刀一样可以捕捉猎物。

昆虫的翅膀是昆虫得以繁衍壮大的强有力工具，也是我们最容易注意到的昆虫身上的功能器官。昆虫的翅膀绝大多数为

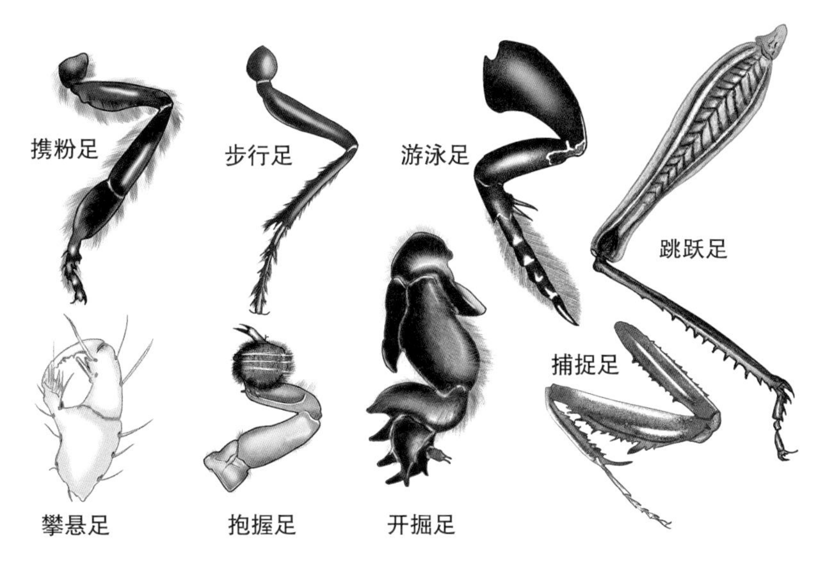

◆ 昆虫足的基本类型

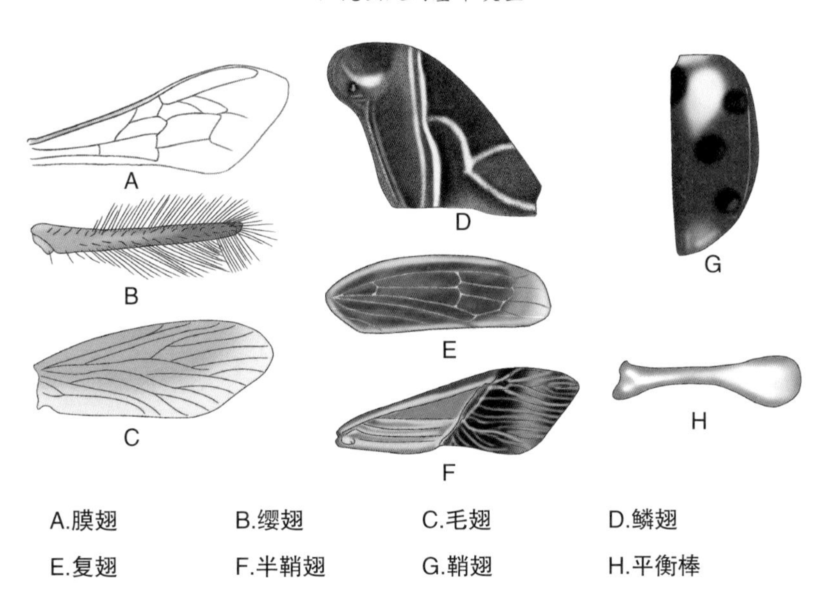

A.膜翅 B.缨翅 C.毛翅 D.鳞翅
E.复翅 F.半鞘翅 G.鞘翅 H.平衡棒

◆ 昆虫翅膀的基本类型

两对，只有个别种类仅有一对，比如，蝇类昆虫只有一对前翅，没有后翅，后翅退化为一对平衡棒。昆虫的两对翅分别长在中胸、后胸两侧的背面，分别称为前翅和后翅。

昆虫的翅膀形状很多，根据形状和质地的不同，分为：膜翅（大多数昆虫）、缨翅（如蓟马的翅膀）、毛翅（如石蛾的翅膀）、鳞翅（如蝴蝶的翅膀）、复翅（如蝗虫的前翅）、半鞘翅（如蝽的前翅）、鞘翅（如甲虫的前翅）、平衡棒（如苍蝇的后翅）。

腹部是昆虫的消化、代谢和生殖中心，并大多伴有呼吸功能，其包含大部分内脏器官。昆虫幼虫期的腹部占整个身体的大部分，约为体长的三分之二。

类似昆虫的动物

平常人们看到蜘蛛、螃蟹、蚰蜒、蜈蚣、马陆等动物，往往会误以为它们是昆虫，其实它们仅是类似昆虫而已，不属于昆虫。它们是昆虫的近亲，与昆虫同属于节肢动物门。它们与昆虫最大的区别是足都比较多。比如，蜘蛛 4 对足，螃蟹 5 对足，蚰蜒 15 对足，蜈蚣 22 对足，马陆 50 对足以上。

◆ 蜘蛛

◆ 螃蟹

◆ 蚰蜒

◆ 蜈蚣

◆ 马陆

昆虫有强大的生存能力，它们有“变形”“变色”等神奇本领，它们凭借这些本领适应环境，模拟环境，躲避天敌，填饱肚子，完成虫之“终生大事”。昆虫的一生是充满惊险、刺激的一生，危险随时都会发生在它们身上，生存环境可谓险象环生。我们赞叹和欣赏昆虫的千奇百怪，佩服它们神奇的生存之道，敬畏它们丰富的生命形式。

03

神奇的生存之道

昆虫大“变身”

看到“变身”二字，很多人马上会想到《西游记》中孙悟空的72变，他能够变成花鸟鱼虫、飞禽走兽……昆虫尽管没有那么多的变化，但每次“变身”都会让人惊叹，且和原来的形态差异很大。无论从形态构造，还是颜色上，昆虫“变身”后都和原来完全不同，甚至常常会让人误认为是新生种类。

孙悟空的变身是人们想象出来的，属于文学创作；昆虫的“变身”却非常现实，是人们能够真真切切感受到的，并且在现场能观察到的。学术界把昆虫的“变身”称为变态，即在生长发育阶段发生在形态上的变化。

常见的昆虫变态发育有两种类型：不完全变态和完全变态。不完全变态，也叫“不全变态”，即昆虫的个体发育过程中，只经过卵、若虫和成虫三个时期，如蝗虫、叶蝉、蝽象等。完全变态，也叫“全变态”，即昆虫的个体发育过程中，经过卵、幼虫、蛹和成虫四个时期，如蛾、蝶、蚊、蝇、蜂

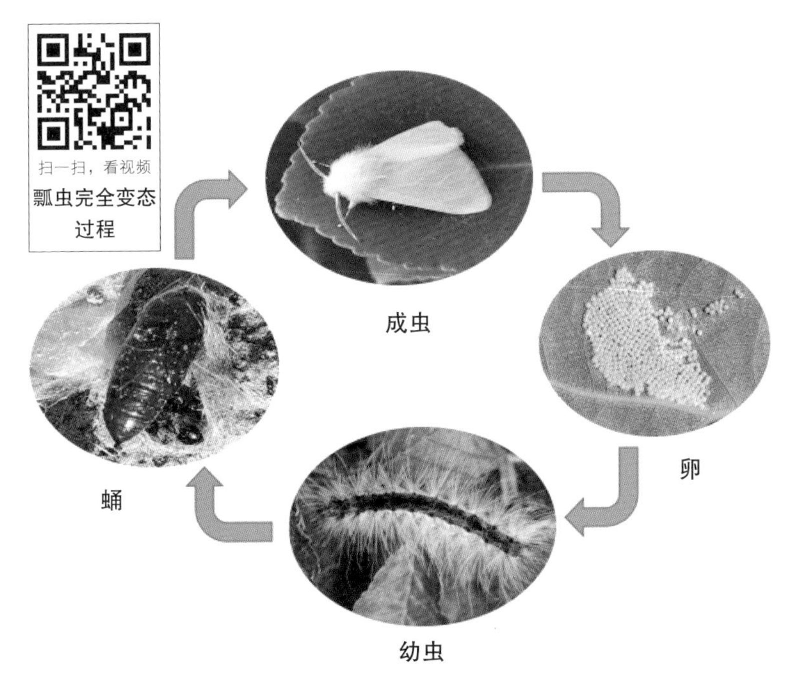

◆ 昆虫完全变态发育示意图

和甲虫等。

昆虫的“变身”主要体现在从幼虫到蛹、从蛹到成虫两个阶段的变化。其“变身”发育大致是怎样一个过程呢？

首先，幼虫到蛹的“变身”。昆虫幼虫阶段属于低活动、高取食时期，通过不断进食获得大量食物，转化为能量，为变身成蛹和成虫形态储存营养物质。可以把这个阶段理解为成虫的早期阶段，在这个阶段幼虫除了进食，就是睡觉。对昆虫幼虫来说，吃饱喝足了就万事大吉，无忧无虑，只会享受原始的本能的“吃食游戏”。幼虫不喜欢长途跋涉，如果一片叶子或一棵树上的食物能够满足它的食物需求，它就不会迁移到其他叶片或树上。在这期间幼虫一般要经过几次蜕皮，最后一次蜕皮前为了给蛹寻找一个安全的化蛹环境，它会“离家出走”，跋山涉水甚至钻地，在树干上、树皮缝里、墙缝里、落叶下、砖瓦堆下、柴草堆里以及地下土里，蜕完皮开始化蛹，结束幼虫阶段的使命。最后一次蜕皮后幼虫的身体会变得更加柔软和灵活，开始分泌一种特殊的液体，这种液体会逐渐硬化并形成一个保护壳，即蛹壳。这个过程可能需要数小时到数天的时间。大多数蛾类昆虫的幼虫在化蛹时，吐丝结成一个近圆形的茧，把自己包裹在里面，“作茧自缚”这个成语形容的就是这种现象。

其次，蛹到成虫的“变身”。昆虫在蛹阶段不进食，不存在运动，正与幼虫阶段相反。其目的是完成从幼虫到成虫的变身，此阶段可以理解为是成虫的中间过渡阶段，蛹是幼虫到成虫的中间过渡体。在这个阶段，蛹几乎静止不动，没有外部行动，只有内部变化，除非你非要验证一下它是否真的活着，用手触碰一下它鲜亮的蛹壳，它会摆动一下尾部，表示对你到来的欢迎；也许是警告你别打扰它香甜的美梦。这个阶段幼虫部分身体结构融化成液体，被蛹吸收，成为成虫发育的营养和能量；成虫身体结构发育机制被激素激活，生长出成虫的身体结构，完成形态上彻底的变身。当蛹的内部发育完成后，成虫就开始形成。到化蛹的时候，蛹的头部和胸部会从背部开始裂开，成虫的头、胸和足会先伸出。翅膀也会逐渐展开并硬化。在这个过程中，成虫的身体会经历一系列的膨胀和收缩，最终完全脱离蛹壳。这个阶段的持续时间会因昆虫种类或外部环境不同差别较大，有的昆虫蛹在几个星期内就能完成变身，有的则需要持续几个月。比如，春尺蠖的蛹从夏天开始在地下土层里待 9 个月，到第二年春天才羽化为成虫，钻出地面。成虫在羽化后需要一段时间完成翅膀充血、变色，并逐渐变硬至完全展开，然后才能飞行。

◆ 昆虫蝶变

这个过程可能需要数小时到数天的时间。

从幼虫到成虫“变身”的过程包括幼虫的成熟与准备、蜕皮与蛹的形成、蛹的静止与内部变化，以及成虫的形成与羽化等阶段。这个过程中昆虫形态结构和生活习性上出现一系列显著变化，是昆虫生命周期中的一个重要环节，对于昆虫的繁殖和生存具有重要的意义。

昆虫的变态发育是一种高度适应性的发育模式，有其重要的目的和意义：首先，是为了适应环境。昆虫通过变态发育，获得具有不同行为能力的虫态，能够适应不同环境和生活方式，从而具有更高的生存竞争力。有助于昆虫在不同的生命阶段采取不同的生存策略，比如，幼虫阶段专注于生长和摄取能量，成虫阶段则专注于生殖。其次，是更好地利用资源。通过变态发育，昆虫可以在不同的生命阶段以不同的食物为资源，有助于解决昆虫在空间与食物资源上的需求矛盾。比如，幼虫阶段可能以植物为食，而成虫阶段则可能以花蜜或动物为食。最后，是能够增强繁殖能力。变态发育还为昆虫提供了强大的繁殖能力。通过变态发育，昆虫可以在短时间内完成繁殖过程，产生大量的后代，有助于昆虫在竞争激烈的自然环境中保持种群数量。

昆虫的“一日三餐”

昆虫对食物有不同的选择，有的单纯喜欢吃肉，比如瓢虫、草蛉、螳螂、步甲、虎甲、食蚜蝇和寄生蜂等，它们以别的昆虫，甚至是同族为食。有的喜欢吃植物，甚至木头，比如蛾、蝶类幼虫，蚜虫、蟢象、天牛、吉丁虫、小蠹（dù）虫等，以植物为食物的昆虫大概占昆虫种类的40%—50%；有些昆虫肉和植物两者通吃，比如螽（zhōng）斯、蟑螂、蟋蟀、黄蜂、蠼螋（qú sōu）、蚂蚁等。

昆虫不像人那样有进食规律，讲究一日三餐，每顿荤素搭配。昆虫的进食随心所欲，想起来就吃，一天能吃几十餐；并且白天吃、晚上也吃；昆虫只按自己的食性选择食物，只吃它能够吃的，吃树叶的绝对不会尝肉，吃肉的肯定不会尝草。昆虫就在吃和睡之间，怡然自得，逍遥自在地生活。

对一些吃草和叶的植食性昆虫来讲，食源非常丰富，它们好像就是自然界的宠儿，很少出现忍饥挨饿的情况；对一些肉食性的昆虫来讲，食源并不丰富，很多时候靠机遇，有时候吃

◆ 植食性昆虫在吃叶子

上一顿又好几天没有吃的；杂食性的昆虫食源更为丰富，但它们一般更喜肉食，实在找不到肉食的时候，才吃一些植物填饱肚子。

昆虫的繁殖

昆虫繁殖量比较大，一般一只雌成虫一次产卵量为几百个，多的能达到 2000 多个。最能产卵的蝙蝠蛾一生产卵量高达 2.9 万个。生存环境恶劣，天敌种类多，昆虫通过高产形式

◆ 杨扇舟蛾的卵块

使种族得以延续。高产量、一年多代繁殖，是昆虫的生存之道，也是昆虫经历 4 亿多年能够延续下来的秘诀。

蚊子、果蝇、蚜虫等都是繁殖速度非常快的昆虫。雌蚊在吸血后把卵产到水中，每次产卵数量可达数百个，蚊子的生命周期仅为两周左右；果蝇在食物丰富的情况下可以进行孤雌生殖，每次产卵数量可达数百个。果蝇的生命周期仅为 10 天左右；蚜虫可以通过孤雌生殖和两性生殖两种方式进行繁殖，一年繁殖 10—30 代；在适宜的环境下，蚊子、果蝇、蚜虫都可以在短时间内繁殖出大量的后代。

昆虫产卵不是随心所欲而为，每种昆虫均有特定的产卵地点，为了保证下一代孵化出来就能够找到食物，成虫一般提前给孩子们选好出生地点，把卵产在食物上或附近。比如，蝗虫把卵产在土里，知了把卵产在产卵器划开的树枝裂缝里，天牛把卵产在树皮缝里，蛾类把卵产在树叶上，螳螂把卵产在树枝上，蜻蜓把卵产在水里。有的昆虫为了保护卵，雌性把卵产在雄性背上，由雄性来保护卵的安全，如负子蝽。寄生性昆虫把卵产在被寄生的昆虫身体内，这样下一代一出生，就开始在被寄生的昆虫体内取食，直到把被寄生昆虫吃成空壳才从里面钻出来。

昆虫的“色性”

昆虫非常“好色”，这种好色是指对某一种颜色的特殊趋向性。不同昆虫对颜色的趋向性差异较大。夏天我们走在树下时，如果穿的是黄色衣服，身上可能会招来好多小昆虫。这些

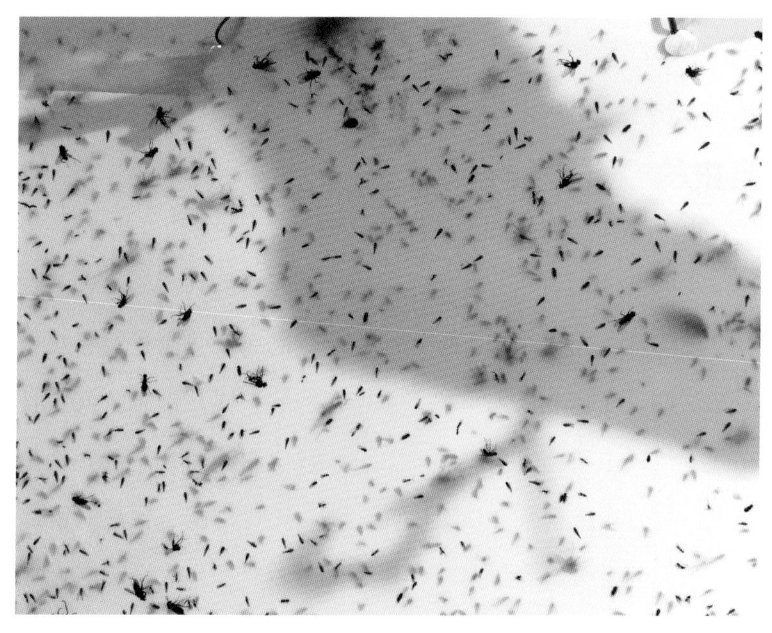

◆ 被黄色吸引的昆虫

昆虫大部分是蚜虫，这不是你身上的特殊气味吸引了它们，而是蚜虫对黄色非常敏感，对黄色趋向性非常明显。所以当你穿黄色衣服经过蚜虫的“势力范围”时，它们不会错过这个机会，会快速向你飞来。如果你穿的是银灰色服装，蚜虫看到避之唯恐不及，它们对银灰色非常反感。因此，银灰色的物体是蚜虫的禁区，很少看到蚜虫。蓟马对蓝色、绿色趋向性强，尤其对蓝色特别敏感；一些蛾类同样对蓝色具有很强的趋向性。

人类发现昆虫这种对颜色的趋向性后，就利用相应颜色制成的设备诱捕和采集昆虫。

昆虫的“光性”

蛾类是种类和数量非常大的鳞翅目昆虫。就像我们所熟知的知了都是在晚上从蝉蜕中羽化展开翅膀一样，蛾类昆虫一般在晚上从蛹中羽化出来。除了喜欢夜晚出生外，它们也喜欢在晚上活动，白天静伏。夏天的晚上，在路灯周围、住户的窗户上，我们经常会看到很多蛾类；野外露营时，篝火会吸引无数的蛾子前仆后继地扑向火堆，真实地演绎了“飞蛾扑火”。

◆ 光诱昆虫设备

夜里出生和喜欢夜晚活动的蛾类，为什么会如此喜欢光，甚至不惜生命地扑向火光呢？这就是大自然的神秘之处，科学到目前仍未告诉我们这个答案。

另外，黑绒金龟等多种鞘翅目昆虫也喜欢晚上爬出来活动，夏天夜晚的路灯下，时常会碰到急着赶路的各色金龟，它们中有的出来得不凑巧，丧命在行人的脚底下。

这些夜里出来活动、白天休息的昆虫，它们是对光有很强的趋向性，还是就愿意做夜晚孤独的流浪者？其实这恰恰是昆虫精明的生存之道，鸟类是大部分昆虫的天敌，昆虫选择夜晚出行，能够躲开白天活动的鸟类等天敌，最大限度地生存下来。

昆虫的“味性”

昆虫有很强的“味性”。大部分以植物为食物的昆虫，具有对某一种或一类植物喜好的特性。不同的植物散发出不同的气味，这些气味对不同的昆虫的吸引程度不同。有些植物只吸引一种或少数几种昆虫产卵、取食，也许这些植物对这些昆虫来说是“大鱼大肉”，对其他昆虫来说只是“残羹冷炙”而已。有些植物受大多数昆虫欢迎，枝叶上吸引着各种昆虫停留。不管是一种植物受多种昆虫喜欢，还是一种昆虫喜欢多种植物，均是由植物自身的“气味”和昆虫对“味性”的趋向性决定的。

除了植物的气味，其他昆虫散发的气味对昆虫也有一定的吸引力。我们怎么也想不到威风凛凛、天不怕地不怕的蚂蚁竟然是蚜虫的“跟屁虫”。其实，蚂蚁很聪明，它们无利不起早，跟在蚜虫后面是希望得到自己喜欢的美食——蜜露。蚜虫排出的蜜露吸引了蚂蚁，蚂蚁对甜味有疯狂的趋向性。

◆ 蚂蚁舔蚜虫身上的蜜露

昆虫的“异形”

昆虫的“异形”现象很多，如蛾、蝶、瓢虫等昆虫，一生中存在从幼虫到蛹到成虫几个不同虫态阶段上的完全“异形”现象。还有一些如蝗虫、蝽象、蜡蝉、蜻蜓、蟋蟀、蝼蛄、螳螂等昆虫，一生中只存在从若虫到成虫的轻度“异形”现象。除此之外，有些昆虫不但存在不同虫态上完全“异形”的情

◆ 春尺蠖（huò）雌成虫

◆ 春尺蠖雄成虫

况，而且存在着同一虫态阶段不同形态的现象。这一情况主要体现在成虫阶段。如大家熟知的萤火虫，雄成虫有翅，雌成虫没有翅；一些尺蛾类昆虫，雄成虫有翅膀，雌成虫没有翅膀；袋蛾、介壳虫、蚁蜂等也存在同样的情况。

这种成虫阶段雄成虫翅膀保留、雌成虫翅膀退化或弱化的“异形”情况，是昆虫进化和自然选择的结果。雄成虫保留翅膀有利于飞行寻找更多的伴侣完成交配，实现种群传宗接代的目的。

昆虫的“变色”

昆虫经过几亿年的进化，已经能够适应复杂的环境，从而走过连恐龙等大型动物都因环境恶化而惨烈灭绝的时代，不断繁衍壮大。昆虫的变色是另一种适应环境、躲避天敌的生存之道。有些昆虫的幼虫在不同环境下，因环境颜色的不同而改变自身的体色，使体色达到与环境颜色近乎一样，以躲避天敌，实现保护自身的作用。比如，春尺蠖的幼虫。

◆春尺蠖幼虫在不同植物上呈现不同颜色（1）

◆ 春尺蠖幼虫在不同植物上呈现不同颜色（2）

◆ 春尺蠖幼虫在不同植物上呈现不同颜色（3）

昆虫或美丽得娇艳，或漂亮得耀眼，或造型奇特，或身具某种特异功能，或是高音歌手，或是特技演员，或是建筑大师，或眼睛大到几乎看不到头部……大自然设计了昆虫微小个体的同时，赋予了昆虫如此多的神奇之处，使我们大开眼界，对昆虫世界充满了想象，让我们一起来欣赏昆虫王国里昆虫们的神奇之处吧。

04

昆虫的神奇之处

昆虫华美的服装

蝴蝶、甲虫等昆虫的身色惊艳得让人无法形容，精彩绝伦、美轮美奂、流光溢彩、姹紫嫣红……把所有形容美的词用上都不为过。这些昆虫的美是大自然的神来之笔，让人陶醉，百看不厌，给人无尽的享受。它们有的穿着花枝招展的美裙，有的裹着金光闪闪的盔甲，有的披着英姿飒爽的风衣，有的镶着晶莹剔透的宝石……昆虫们惊艳的“时装”是大自然精心设计的，是生命体的多彩展现，不管如何形容，都显得人类词穷。

蝴蝶前、后翅上不同颜色、图斑、花纹的搭配和组合，独具匠心，每一种颜色和花纹都可以构成一幅精彩的画作，色彩斑斓、美不胜收。身披华美衣裙的蝴蝶在阳光下的花丛中翩翩飞舞，鳞光闪闪，色彩飞艳，绰约多姿，姿态优美，就像娇艳迷人的淑女，在花丛中幻化出一幅仙境和诗意之画。

甲虫身上着铜色、蓝色、红色、铜绿色、绿色、橘色或黑色等颜色，这些具有金属质感的颜色，非常鲜亮，在阳光下更为亮丽多彩。瓢虫、虎甲、吉丁虫等甲虫身上还镶有各色毛斑和刻点，毛斑呈现不同形状，组成不同的图画，与亮丽的颜色和硬朗的身形搭配在一起，使它们看上去衣冠楚楚、玉树临风、身形矫健。

昆虫显示了色彩缤纷的大千世界，人类从昆虫身上获得创作灵感，设计出精美、多彩的新潮时装，丰富和装扮了人类的生活。

◆ 凤蝶

◆ 花椒凤蝶

◆ 美眼蛱蝶

◆ 色彩绚丽的蝴蝶（1）

◆ 色彩绚丽的蝴蝶（2）

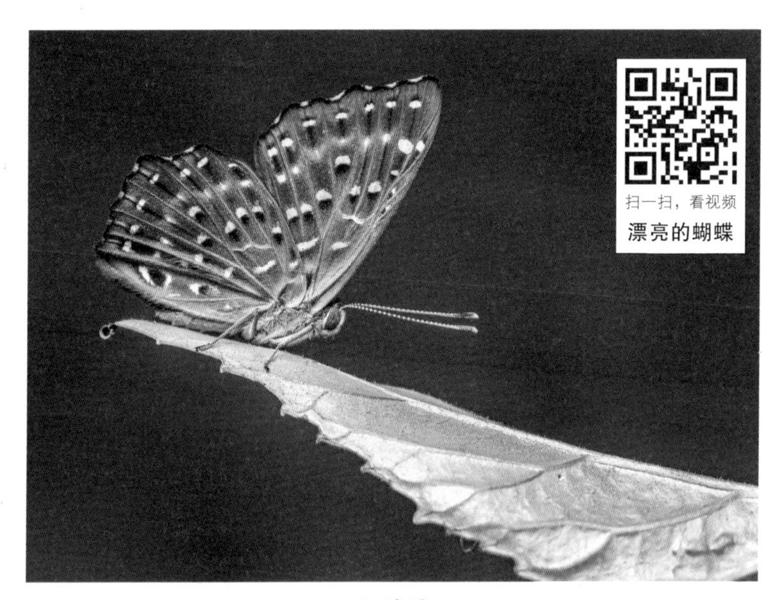

◆ 蛱蝶

◆ 凤蝶

◆ 燕凤蝶

◆ 灯蛾

◆ 国槐尺蠖

◆ 天蛾

◆ 夜蛾

◆ 树甲

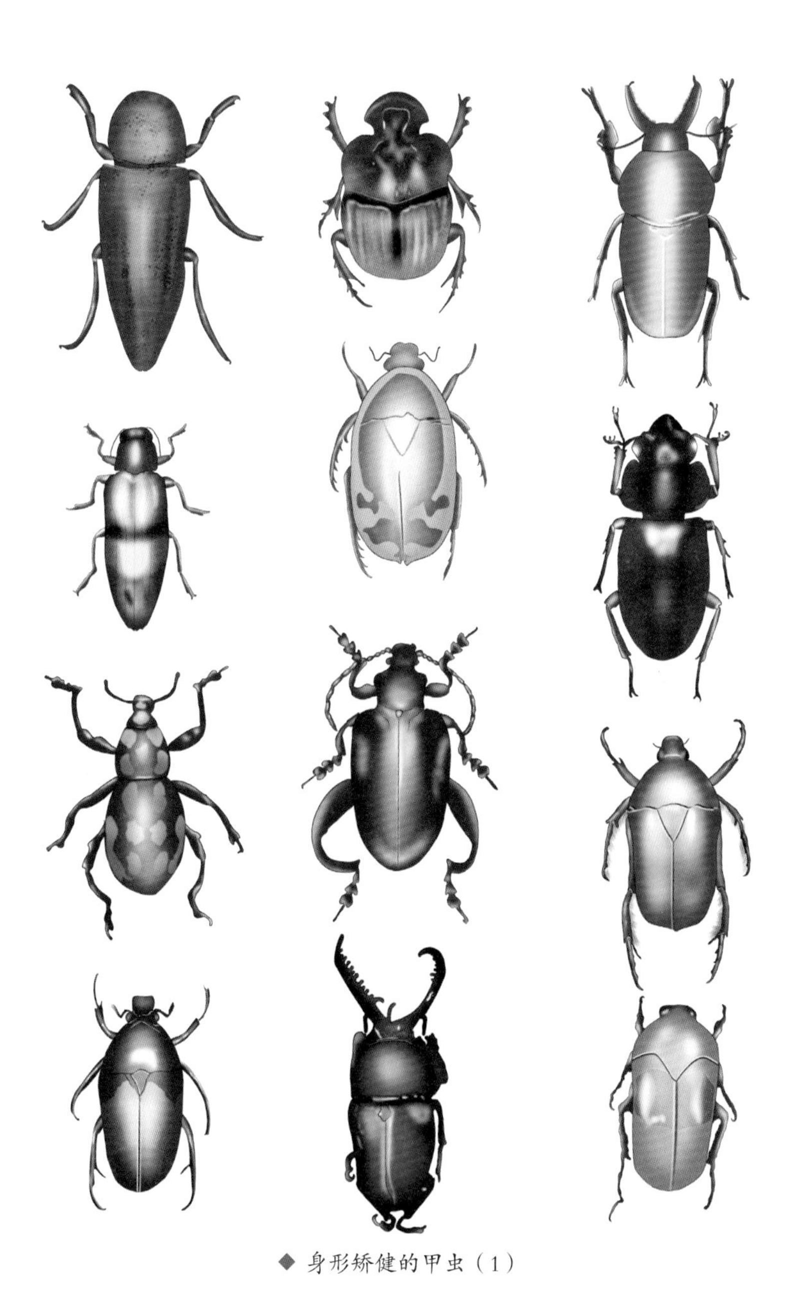

◆ 身形矫健的甲虫（1）

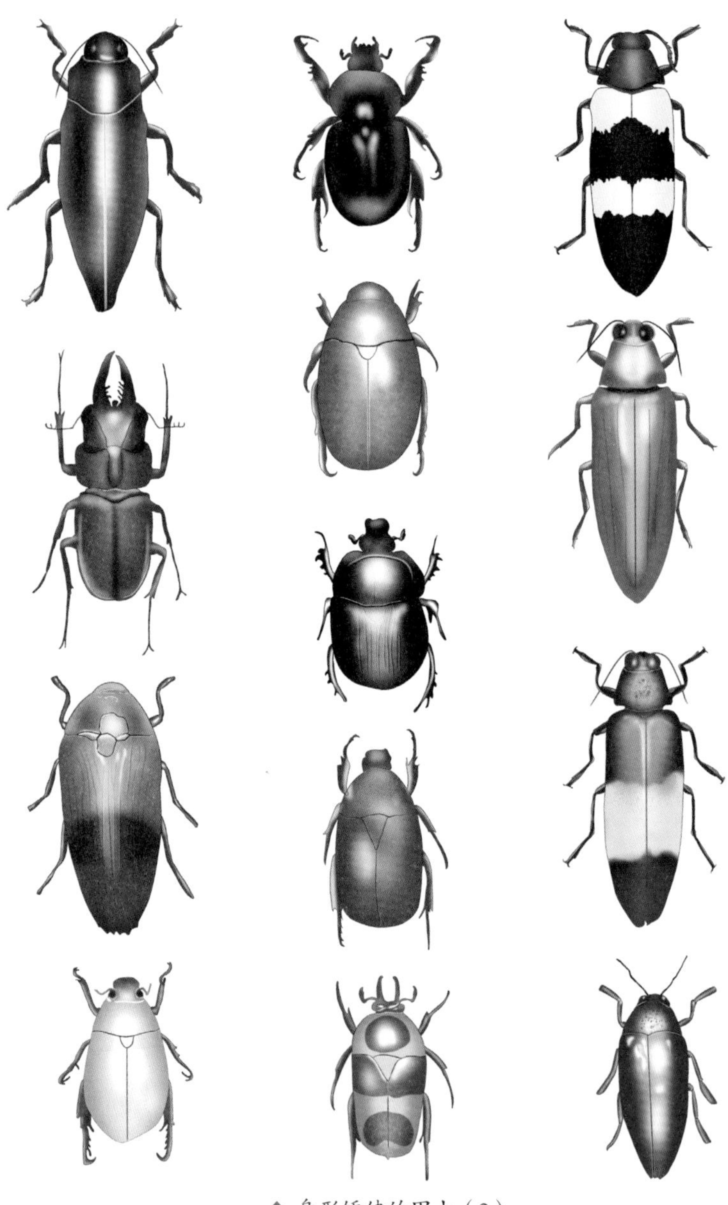

◆ 身形矫健的甲虫（2）

◆ 虎甲

◆ 吉丁虫

◆ 叶甲

◆ 网蝽

◆ 蜡蝉

◆ 龙眼鸡

昆虫的超级眼球

昆虫的眼睛是昆虫头部除了触角外，最为突出的器官。昆虫的眼睛分为单眼和复眼，一般有 1—3 只单眼，2 只复眼。复眼由千万个呈六边形的单眼组成，每只单眼有独立的感光系统，像透镜一样发挥作用。复眼大而突出，一些昆虫的两只复眼占头部体积的 1/3—1/2，一眼看去，似乎只能看到眼睛，而看不到头。

复眼形状有多种，椭圆形、桃形、肾形、长方形、半球形

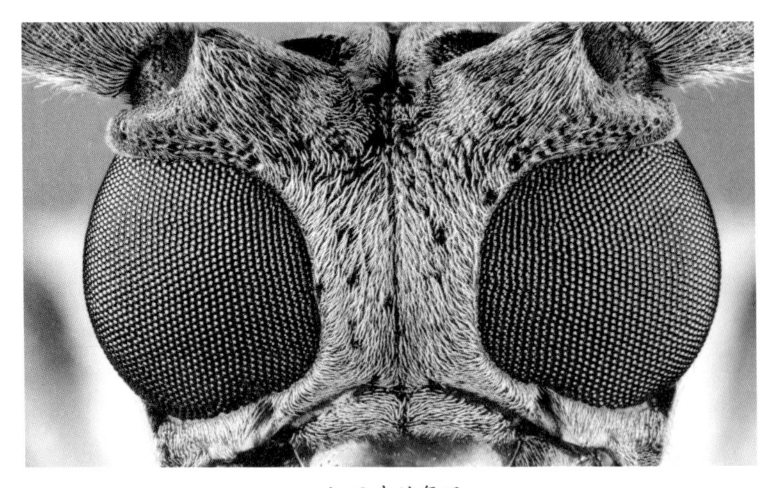

◆ 天牛的复眼

◆ 螳螂

和球形，等等。无论哪个形状的复眼，为了利于视野，复眼中部均是最突起的部位；复眼颜色也随昆虫的不同而变化，有红色、绿色、黄色、黑色、蓝色，等等。苍蝇的复眼呈红色，螳螂的复眼呈绿色，蜻蜓的复眼上部呈橙红色、下部呈黄绿色，天牛的复眼呈蓝色，蛾的复眼呈黄色，蝶的复眼呈黑色。

复眼特殊的构造为昆虫提供了良好的视野。螳螂头顶的两只大复眼非常突出，能够看到水平 240°、垂直 360° 的范围；蜻蜓的复眼包围在头顶后面两侧，显得更为突出，复眼上半部观察远处物体，下半部观察近处物体，保证物体能够被迅速识别和发现。

昆虫大而突出、构造特殊的复眼被赋予了重要功能，保证了其能够快速捕捉周围信息，寻找猎物和躲避天敌。

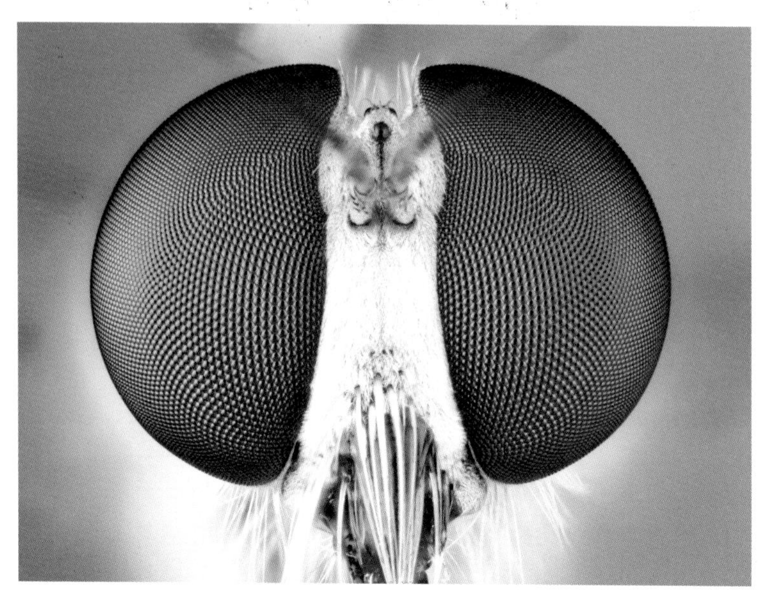

◆ 蛾的复眼

◆ 突眼蝇的复眼

◆ 黄蜂的复眼

◆ 螳螂

昆虫奇异的“天线”

昆虫的头部除了有非常显著的复眼外，还长着两根触角，这是昆虫的触觉、嗅觉器官，也是昆虫非常重要的器官。触角

◆ 叶甲

通常左右、上下不停地摆动，就像两根“天线”一样时刻在接受电波和追踪目标。

昆虫的“天线”形状各异，五花八门。比如，蜻蜓、蝉的触角为刚毛状，蝗虫、蟋蟀的触角为丝状，蛾类的触角为栉齿状，蝴蝶的触角为球杆状，金龟类的触角为鳃叶状。

昆虫的“天线”长短不同，有的长度超过身体几倍，有的仅有几毫米。比如，新几内亚天牛的触角非常霸气，比身体长好多，长达 20 厘米；而苍蝇的触角非常小气，只有短短的一点点。

◆ 天蛾

◆ 黄花蝶角蛉

◆ 红螽斯

◆ 光肩星天牛

昆虫奇特的造型

昆虫的造型千奇百怪，让人叹为观止。如果把各种不同造型的昆虫摆在一起，将是规模庞大、种类丰富、造型新奇出彩的展览。它们或威武雄壮，或娇柔动人，或英姿飒爽，或萌得醉人，或凶得吓人，或“举着长矛”，或“拿着大钳”……它们或似勇士、大侠、仙女、淑女、精灵，或似小提琴、挖掘

◆ 花金龟

机、一片树叶、一朵兰花，其千变万化的造型是大自然鬼斧神工的艺术杰作，超乎人们的想象。

◆ 褐黄前锹甲

◆ 长颈鹿锯锹甲

◆ 屏顶螳螂

◆ 金龟

◆ 角蝉

◆ 斑卷象

◆ 齿铁甲

◆ 黄前锹甲

◆ 扁锹甲

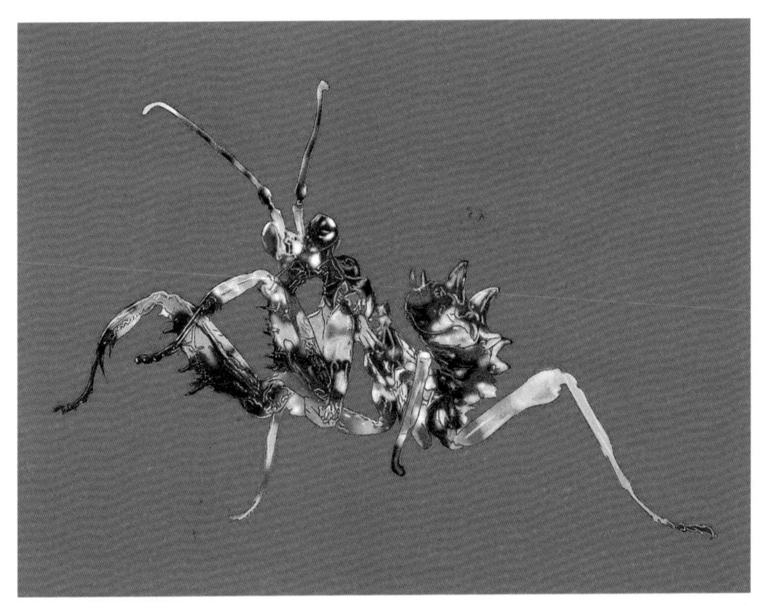

◆ 花螳螂

◆ 龟甲

◆ 双叉角金龟

◆ 长颈鹿象鼻虫

◆ 枯叶螳螂

◆ 长尾大蚕蛾

昆虫的卵形艺术

卵是一切动物生命的来源，昆虫的卵如同昆虫的造型一样千奇百怪，有着各种形状和颜色，并且在不同时期颜色会发生变化。昆虫的卵珠圆玉润，润滑饱满，五彩斑斓，瑰丽幻化，水透莹润，放在放大镜下看是不折不扣的艺术品。比如，瓢虫的卵呈橙黄色，长椭圆形，一个挨着一个立在叶片上；蝽象的卵有多种颜色，形似柱状，上部盖着一个带花边的盖子；蛾、蝶的卵一般呈卵圆形，颜色有绿色、橙红色、橙黄色等，如同一颗颗圆润玉滑的玛瑙或一粒粒晶莹透亮的珍珠。通常，我们很少看到这些各形各色的卵块，是因为幼虫孵化出来后为了补充营养，第一次进食就把卵壳吃了。

◆ 昆虫卵的造型（1）

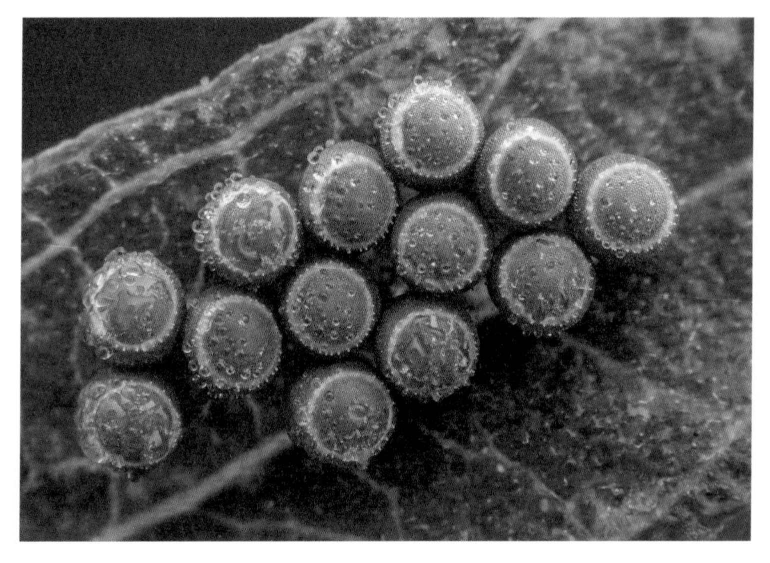

◆ 昆虫卵的造型（2）

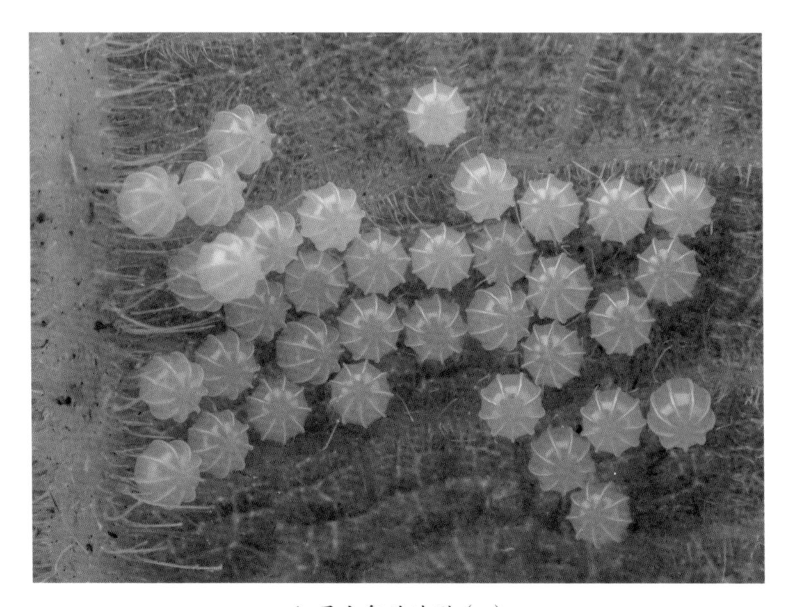

◆ 昆虫卵的造型（3）

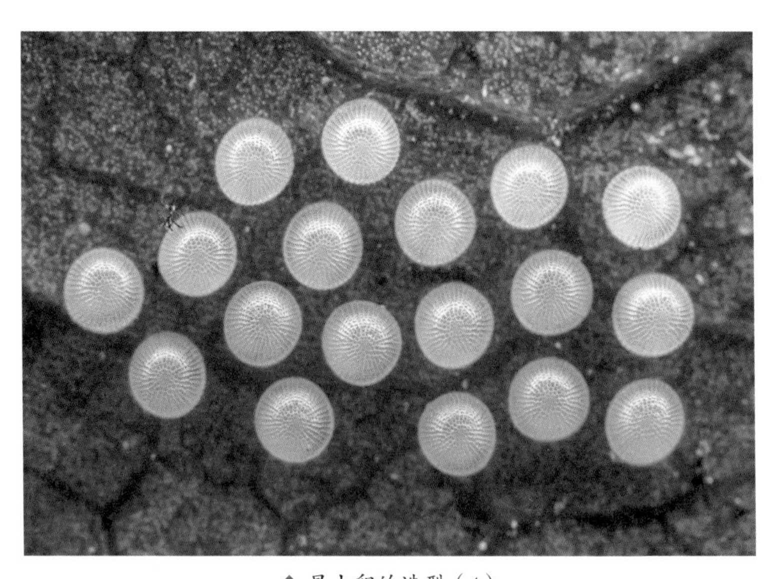

◆ 昆虫卵的造型（4）

◆ 昆虫卵的造型（5）

◆ 昆虫卵的造型（6）

◆ 昆虫卵的造型（7）

◆ 昆虫卵的造型（8）

昆虫的“爱情故事”

不少昆虫经过华丽的蜕变后，迎来最美的“婚礼”，它们的“爱情故事”是悲壮、凄美的。比如，螳螂、蟋蟀、蜻蜓、蝗虫等肉食性或杂食性昆虫有这样的爱情故事：雄成虫穿着华丽的衣裳，千辛万苦找到雌成虫，跳着优美的舞姿，大献殷勤，战败对手，赢得雌成虫的好感和接纳，最终成为伴侣，举办“婚礼”，完成终身大事。没想到，事后雄成虫却被雌成虫当作美餐享用，以补充雌成虫产卵所需要的营养。如此可歌可泣的爱情故事由昆虫抒写，我们无法知道雄成虫最后留给雌成虫的遗言是豪言壮语，还是唉声叹气；雌成虫不知道是否流下了眷恋的泪水，或者只是自然地将雄成虫当作牺牲品和口中美食，不带一点伤感。

大部分蛾、蝶类昆虫的成虫生命非常短暂，雌虫和雄虫完成“婚礼”大事后，雄成虫不久就会死亡，雌成虫完成产卵的任务后也很快死去。

◆ 昆虫的“爱情故事”

昆虫是气象大师

昆虫是天生的气象大师，能够准确感知外界的气候和季节。当气候和季节适宜的时候，它们就从越冬的地方出来活动活动，或晒晒太阳，或从地下几十厘米的地方钻出来透透气。一些瓢虫、虎甲、蛾类、蚧壳虫等越冬的昆虫，一般到4月份，能够准时地出现在越冬地点周围，它们睁开蒙眬的睡眠，伸展蜷缩了一冬的小腿，开始新一年的生活，重新为生活奔波。我们熟知的蚱蝉、金龟，尽管它们的幼虫在地下生活，但一到春暖花开或炎热的夏天，这些幼虫全都从地下出来了。

二十四节气中的第三个节气是“惊蛰”，惊蛰时节，春雷始响，蛰伏于地下冬眠的昆虫被雷声惊醒，纷纷破土而出。如果认真地研究和调查，会发现冬天过后，每一种昆虫开始活动的时间总对应着一种树木开始发芽的时间，也就是说昆虫和树木一样，都能够知晓自己应该睡醒的时节，这就是昆虫的物候期。也许这些都是太阳脚步临近的体现，每天逐渐增多的阳光

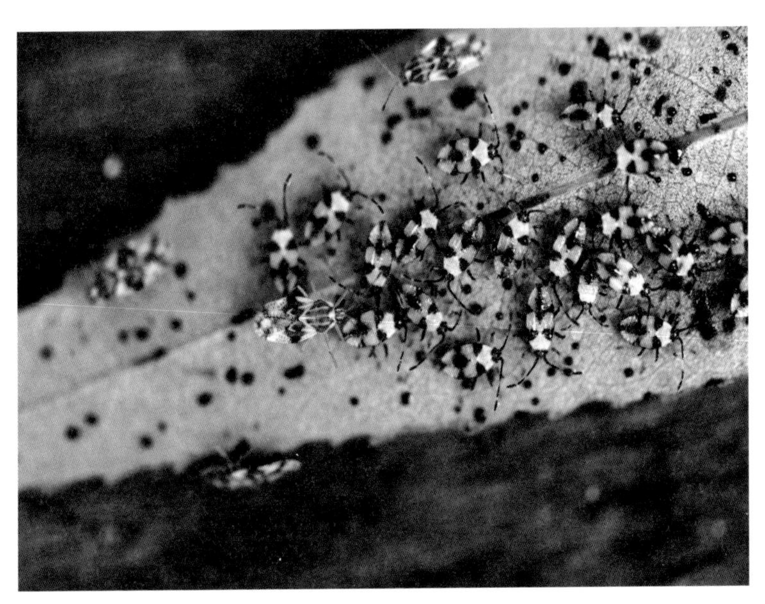

◆ 天气干旱时，膜肩网蝽数量明显增多

唤醒了沉睡中的万物。

春夏两季是蚜虫大繁殖季节，当我们看到雌蚜虫不经交配受孕开始大量产卵时，往往表明当地的这个春季或夏季与往年同期相比，环境出现了持续高温和干旱。每种昆虫分布有一定的纬度范围，当某种昆虫跨越历史生活纬度，扩大和占据更高纬度区域时，说明气候已经开始变暖。

昆虫与植物一样，大部分时间几乎全面暴露在大自然中，受自然环境、地理条件和气候等外界客观因素影响非常大。经过几亿年来对外界环境的适应和自身的进化，昆虫已经进化出了非常灵敏的对环境温度、湿度的反应器官，能够第一时间及时对环境变化作出反应。所以，把昆虫称为气象大师，一点也不夸张。

昆虫是遥感大师

昆虫触角上分布着许多非常灵敏的感觉器和嗅觉器，既能近距离感触物体，又能感觉和嗅到远近的气流和各种气味。有时候，人根本闻不到的非常微小的气味，或是远距离散发出来的气味，它们都能准确地嗅到。比如，如果谁家地里或院子里种了一棵天牛喜欢吃的树，或是某一蛾类喜欢吃的树，很快就会有天牛或蛾找寻上门，占据地盘，安家落户，愉快地开始它们的生活。据说嗅觉最灵敏的要数印第安月亮蛾，雄蛾能从 11 千米以外的地方嗅到雌蛾发出的求偶激素味道，准确地赶到雌蛾所在的位置与之约会。有些天敌姬蜂、小蜂能够探测到树体内其他昆虫幼虫体上散发出的微弱红外线，准确地搜寻到幼虫所在位置，并准确无误地把自己的产卵器插入幼虫体内，把卵产在幼虫体内，用幼虫的身体养育自己的下一代。

◆ 昆虫利用触角接收远方的信息

昆虫学家法布尔先生曾把一只雌性大孔雀蝶养在自己实验室的铁笼子里，招引来了许多雄性大孔雀蝶，这些大孔雀蝶都从遥远的地方来奔赴“婚礼”。对昆虫非常熟悉的法布尔先生知道附近根本没有雄性大孔雀蝶，尽管雌性大孔雀蝶被囚禁在笼内，它们照样能够嗅到雌性的激素气味，如期赴约，不耽误“婚礼”的举行。

这种大自然赋予昆虫的超级本领，让它们能够准确地找到食物和伴侣，保证了昆虫的种群繁殖和种族壮大。

昆虫中的“高音歌手”

昆虫中有许多歌唱家，如蝉、蟋蟀、蝼蛄、螽斯和蝗虫等，其中要数蝉最为出名，它是昆虫界中最有名的歌手。“蝉噪林逾静，鸟鸣山更幽”诗句是对蝉鸣的真实写照。夏日里，蝉在高高的树枝上展开歌喉，一声声“知了，知了”地唱歌，当树上唱歌的蝉数量较多时，歌声此起彼伏，完全盖过了鸟的鸣叫声，好像蝉声就是这里的一切，高调的蝉鸣声成为每年炎热夏天不变的旋律。

能够发声歌唱的蝉是雄蝉，雌蝉不会发声，雌蝉因此也叫“哑巴蝉”。雄蝉发声不像其他动物一样凭借喉部的声带，而是依靠腹部的发音器。雄蝉的腹基部两侧各有一对天然的“乐器”——发音器，这种发音器是由两个室和室内的膜构成。两

◆ 破土而出后爬上树的蝉

个室有大小之分，大室为共鸣室，小室为发音室，室口有盖板，盖板大而圆，也称发音盖。大室内有褶膜、镜膜，小室内有鼓膜。当雄蝉开始“歌唱”时，腹部肌肉伸缩引起发音室内空气压力变化，使发音室内的鼓膜振动而发出声音，经共鸣室内褶膜和镜膜扩大，并由共鸣室口的盖板调节音调高低后发出。雄蝉腹部用于发声的肌肉称为鸣肌，鸣肌每秒能伸缩约 1 万次，所以有时候听上去蝉的鸣叫声非常急促，甚至有些刺耳。

雄蝉“歌唱”的目的是吸引雌蝉与它交配，叫的声音越大、越响亮、越有节奏感的雄蝉，越容易受到雌蝉的青睐。如果你听到雄蝉富有节奏感，比较欢快的阵阵鸣叫声，那就是雄蝉向雌蝉求偶。如果你听到的是比较急促，没有规律的鸣叫声，那或许是雄蝉为争夺交配权而与别的雄蝉战斗，也或许是遇到捕捉、掠食它的螳螂等天敌正在仓皇躲避。

蝉从土里爬出，从爬虫状态变态为长翅膀的飞虫之后，只能存活 2 个月左右的时间。到夏末初秋时，随着气温降低，雄蝉的鸣叫声也愈发无力，真正到了“寒蝉鸣泣”的时候，自然界中的蝉鸣便逐渐隐去，由蝉主演的这场盛大虫鸣音乐会宣告结束。

◆ 初蜕壳的蝉

◆ 羽化几个小时后的蝉

◆ 羽化一段时间后的蝉

昆虫的阶层分化

昆虫虽然是动物，但是有些昆虫在同一种群内像人类社会一样存在阶层现象，即社会分工。目前发现的社会性昆虫有蜜蜂、蚂蚁、白蚁和胡蜂类，具有典型社会性特征的昆虫是蜜蜂、蚂蚁。蜜蜂、蚂蚁具有高度的集群性、群体协调性和内部分级分化特点。在昆虫进化史上，蜜蜂要比蚂蚁更高级，蜜蜂的社会性，大多数人已经知晓，并且相关知识已经被编入课本，受到广泛关注。蚂蚁作为另一种社会性昆虫，人们对它的了解较少，甚至连昆虫大师法布尔在《昆虫记》中对蚂蚁也没有给予过多的关注。

蚂蚁作为社会性群体，具有严格的等级分化现象，群体内分化明显，分工明确，有着很好的群体协调性，保证了在各种环境条件下，种群能够良好稳定地运转。蚂蚁的寿命很长，工蚁可生存几星期至几年，蚁后则可存活几年甚至十年。一个蚁巢在一个地方可存在几年甚至十几年。蚂蚁王国中蚂蚁个体被分化为蚁后、雌蚁、雄蚁、工蚁和兵蚁五个级别。蚁后显然是这一王国的最高领导者，享受着最高荣耀和最大的关怀。在这里，蚁后就像人类的母系氏族时期的女性一样，受到无上的尊崇；群体中雄蚁是一种用来繁殖的工具，它的职责是完成与雌蚁的交配，交配后不久即死亡；雌蚁在与雄蚁交配后，翅膀脱落，独自产卵，建立自己的巢穴，变成新的蚁后。工蚁在群体中个体最小，是不发育的雌性，数量最多，主要负责为种群建造生活居住的“楼房”和蚁后的“宫殿”。蚂蚁是昆虫界最著名的建筑大师，这应该归功于数量庞大的工蚁。除了建造规模宏大、工程量浩大的建筑外，工蚁还得经常外出采集食物，回巢后除了精心喂养蚁后，照顾蚁后起居外，还得喂养其他雄蚁

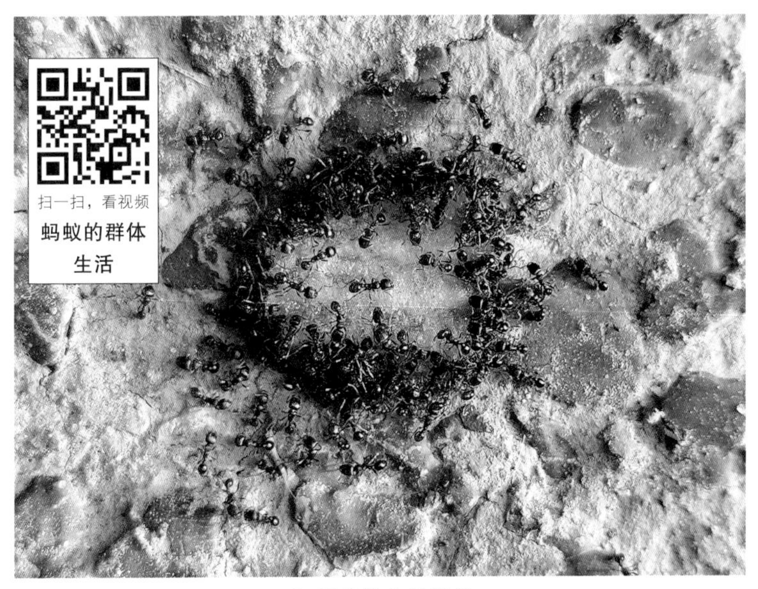

◆ 团结协作的蚂蚁

和雌蚁的后代幼虫；兵蚁是比工蚁体形更大的工蚁，它们不但体形较大，还在头部进化出了发达的上颚，这种上颚是兵蚁的战斗武器。兵蚁经常在蚂蚁洞口巡察，防范入侵的敌人，同时也在蚂蚁出行的队伍两侧负责监督，保证队伍中每一个成员遵守规矩，完成群体活动和任务。

当外出采集食物的工蚁发现洞外食物时，它不会独享，而是几经周折，费劲扛回巢穴，喂养蚁后和幼虫，并与其他工蚁一起分享；如果恰巧碰到的是一个扛不动的较大食物，它会马上回去召集其他工蚁，合力把食物搬运到洞中；在路边，我们经常会看到许多蚂蚁一起合力抬着比自己大好多倍的食物，这些食物或是一只死了的金龟，或是一条僵死的毛毛虫，或是人们掉落的一块面包屑。

如此分工明确的阶层分化，保证了蚂蚁群体的正常生活，而其中不同阶层的每个个体均各尽其责，社会化演绎得淋漓尽致，社会性得到充分体现。美国生物学家爱德华·威尔逊在他的著作《蚂蚁的世界》中写道："推动世界运行的小生物，蚂蚁社会在形式和种类上都足以与人类社会匹敌。"

关于蚂蚁的社会性，比利时散文家莫里斯·梅特林克这样说："今天我们已经证实并接受这个事实：毫无异议地，蚂蚁是地球上最高贵、最无畏、最仁慈、最奉献、最慷慨、最利他的生物。"

昆虫的“鸿门宴”

当你欣赏一朵艳丽妖娆的月季或其他植物时，会在花朵上或嫩枝上看到不同种类的昆虫神奇般地聚在一起开“联席会”，蚜虫、蚂蚁、瓢虫、草蛉、食蚜蝇、小蜂、寄蝇，有时甚至还有不是昆虫的蜘蛛也列席了会议。一年当中，这些昆虫会举办无数场参会成员不同的会议。这么多的参会者，竟然没有一个上台发言讲话，它们只是默默地干着同样一件事，吃、吃、吃……吃是每次会议唯一的主题。蚜虫吃植物汁液，蚂蚁吃蚜虫屁股上的蜜，瓢虫、草蛉的成虫或幼虫及食蚜蝇幼虫吃蚜虫，蜘蛛也在吃蚜虫；此时此刻，小蜂和寄蝇在干什么呢？它们是以什么身份出现的，是被通知而来还是偷偷地潜入？其实它们两个是间谍，会议期间不声不响地在忙自己的事，偷偷地把自己的卵产到其他参会成员的身体里。其他成员正在忙着开会，只是猛然觉得被针扎了一下，根本没想到会有敌人用秘密武器在身后偷袭自己，因此而丧命，聚会成了最后的晚餐。这也是“螳螂捕蝉，黄雀在后”在昆虫界的真实写照。

这样的昆虫联席会议，在每年植物生长季节的树林里、花枝上和草丛中随时上演，除了不是昆虫的蜘蛛参与外，鸟有时也会列席其中。这就是大自然生物多样性、生态平衡的设计：蚜虫是植物的天敌，同时又是瓢虫、草蛉和食蚜蝇的猎物，小蜂、寄蝇、蜘蛛、鸟又是蚜虫、蚂蚁、瓢虫、草蛉和食蚜蝇的天敌。

自然界中的生物体之间既相互协作，又相互克杀，这充分体现了自然界相生相克的生态平衡，其中昆虫扮演了多重角色。

◆ 瓢虫的幼虫与蚜虫聚集在一起

昆虫中的多面能手

昆虫中的蚂蚁虽然个体微小，但它们在许多方面都表现出了惊人的能力和适应性，可以说蚂蚁是昆虫中的多面能手。

蚂蚁种类繁多，世界上已知的蚂蚁约有 11700 种，我国有 600 多种蚂蚁。蚂蚁的种类虽然占昆虫种类的比例较小，但蚂蚁的数量极其庞大，大自然中的蚂蚁无处不在。我们在生活中时常能看到蚂蚁出行活动的身影，甚至家中的地板上、灶台上，也会经常出现蚂蚁。最常见的蚂蚁有黑山蚁、红蚂蚁、黄猄蚁、双针蚁、臭蚁和小黄家蚁等。家中出现的蚂蚁一般为小黄家蚁。

小蚂蚁，干大事。小小的蚂蚁，有超强的聚集能力，能够作出轰轰烈烈的大事，最为突出的要数森林里的行军蚁和编织蚁。

行军蚁是蚂蚁中最为勇猛的一种，主要分布在亚马孙河流域，非洲和亚洲也有。行军蚁在行进中如一个大型昆虫军团，声势浩大，它们以所有昆虫及蜘蛛、千足虫、蜈蚣等作为自己的食物。

如果行军蚁以掠食而著名，编织蚁则以在树上用树叶快速编织大的蚁巢而出名。编织蚁编织蚁巢时显得非常聪明，开始时几只蚂蚁会一起用上颚咬住同一片叶子，合力将叶子推到附近的叶子旁边，以便将两个叶片粘在一起。如果两片叶子的间距很大，编织蚁会组织更多的蚂蚁互相连在一起形成蚂蚁链来把两片叶子连到一起。编织蚁互相在一起形成的蚂蚁链叫“蚁

◆ 蚂蚁

桥”，它们是通过后面一只蚂蚁咬住前面一只蚂蚁的腰部，许多蚂蚁这样串联起来形成蚂蚁链，蚂蚁链一层叠一层，看上去像是无数蚂蚁堆集在一起形成的粗壮蚂蚁链条。利用群体力量终于把两片叶子拉近重叠后，工蚁就用嘴叼着幼虫到两片重叠的叶片之间，工蚁用触角轻轻地拍打刺激幼虫吐出像胶水一样的丝，然后工蚁用幼虫吐出的丝线把两片叶子黏合起来。如此重复多次，24 小时内编织蚁就能在树上编织出半米长的蚁巢。

其实，蚂蚁在生态系统中扮演着多重角色。

第一，蚂蚁是生态系统中的分解者。蚂蚁是生态系统中重要的分解者之一，它们能够将有机物质分解为无机物质，这一过程对于促进物质循环和能量流动至关重要。比如，蚂蚁以其他昆虫的尸体为食，并且将吃不完的剩余食物带回巢穴储存，这一行为对于环境的清洁起到了积极作用。

第二，蚂蚁是生物多样性的平衡者。蚂蚁能够捕食多种昆虫，对生态系统中生物多样性的平衡发挥了积极作用。比如，黑山蚁、红蚂蚁、黄猄蚁、双针蚁和臭蚁等，它们在平衡森林中的生物多样性方面表现出色。

第三，蚂蚁是土壤的通气者。蚂蚁穴道可以增加土壤通透性，有助于土壤气体交换，利于植物根系的生长。蚂蚁挖掘洞穴和建筑巢穴的活动对土壤结构和通气性产生积极影响，促进了土壤中的生物活动。

蚂蚁在生存、繁衍和群体协作等方面表现出卓越的能力，在生态系统中扮演着多重角色，成为昆虫世界中当之无愧的多面能手。

◆ 蚂蚁咬食昆虫

昆虫的遗传本能

昆虫的许多行为来自遗传本能，是在无意识的情况下完成的。法布尔是生物学领域最认可昆虫本能的昆虫大师，他认为，昆虫的本能是与生俱来的，不需要改进。他还认为，昆虫的一切行为受遗传本能的支配，显得非常科学。

为了验证昆虫的本能，法布尔设计了一个实验——松毛虫实验。他在家里的花园中放了一个大花盆，这个花盆边缘较宽，然后放了一些松毛虫幼虫到花盆边缘上，不远处放了一些松毛虫喜欢吃的松针。松毛虫幼虫有边走边吐丝的习惯，它们外出取食时一路留下丝，后面的松毛虫便沿着前面松毛虫吐下的丝行进，吃饱之后依然顺着丝回家。松毛虫多的时候松针上布满了丝，这些丝就是它们来回的路。

法布尔这个实验的具体目的就是验证松毛虫具有跟着前面路线行走的习惯，也就是跟随的本能。当他把一些松毛虫放上花盆口边上后，就开始观察。他看到在第一只松毛虫的带领下，所有的松毛虫都排着队沿着花盆边缘转圈，松毛虫转了一圈又一圈，一个小时过去了，松毛虫还在转圈，就这样，松毛虫一直转着圈，第二天还是这样转圈，第三天、第四天……一直持续到第七天，已经过了 140 多个小时，才有零星几只松毛虫离开转了无数圈的队伍，从花盆边缘下来。

也许是由于个别松毛虫几天没吃食物，出现了晕厥；或者是松毛虫转了 140 多个小时后，才发现这样走下去是错误的。或许你不禁要问，为什么这些松毛虫不交流一下，只知道傻傻地一直顺着丝无休止地转圈呢？其实松毛虫幼虫阶段互相之间没有任何交流，它们只知道自顾自地行动，它们头上短短的触角只具有触觉功能，不会交流信息。松毛虫只有到了成虫阶段，才会长出长长的触角来跟异性交流。所以它会依赖出生时带来的本能跟随队伍顺着丝爬行，一直无休止地转圈。可惜没有一只松毛

◆ 昆虫幼虫吐丝结网

虫幼虫背叛本能、超越本能，勇敢地尝试走出第一步。

不仅松毛虫有这个本能，天幕毛虫也有这种本能行为。天幕毛虫以苹果等果树上的树叶为食，美国学者罗伯特·埃文斯·斯诺德格拉斯曾经做过一次与法布尔做的类似的实验，结果让天幕毛虫陷入了同样尴尬的境地。他们把一棵小苹果树树冠上部的叶片全部摘掉，只留了树冠下部的叶片。天幕毛虫群体住处位于树冠中部。这一天晚上七点多，天幕毛虫结队出发去就餐赴宴，它们什么也没想直接顺着原来的丝往树冠上部爬，准备大吃一顿后回家睡觉。但当它们爬到原本用餐的地方时，发现它们的美食苹果叶子一片都不剩了。它们晃悠悠找了好几个枝条，找完整个树冠上部，情况还是一样，没吃到一口食物，它们灰心地又都回到窝里。但没吃到东西，饥肠辘辘地如何睡得安稳，于是它们又结队出发，结果自然还是跟上次一样，就这样它们来回上下跑了一个晚上，最终还是没吃到食物。即使这样，它们中也没有一只出来主持大局，商量一下为什么上面的树枝光秃秃的，树叶都没有了。居然也没有一只天幕毛虫去看看树冠下部，没注意到下部树叶还在，完全可以填饱它们的肚子。天幕毛虫顺着丝找食物的天性本能，导致了它们一晚上挨饿或者更长时间饿肚子。

本能让昆虫一出生就知道如何生存，但也限制了它们的行动，当外界条件毫无征兆地改变，或者像丝一样的指标性物体不存在时，它们就走入死胡同，开启了死循环，无法走向另一方向，从而获得解脱的机会。

昆虫中的建筑大师

昆虫中有许多建筑大师，它们天生懂得几何学、力学和空气动力学。一些昆虫建筑大师为自己建造了连通地下地上高大的宫殿、错综复杂的地下楼房，还建造了结构复杂的卵囊、科学排列的卵巢。

昆虫建筑能手第一个要数白蚁。它是非常有名的杰出建筑师，白蚁不属于蚂蚁类，比蚂蚁出现要早，属于半变态的较低级昆虫，但有着与蚂蚁类似的群体结构，类似蚂蚁也具有社会性生活，群体成员有蚁后、蚁王、兵蚁、工蚁。白蚁为自己建造的“摩天楼”从外表看上去就像伸出地面的高大的土塔，像城堡一样；塔通常有圆锥形、圆柱形和金字塔形，高度可达到 7 米以上，有 2—3 层楼那样高。这种“摩天楼”是白蚁用自己嚼碎的树枝、泥土和粪便建造的。据考证，白蚁的这种宫殿内部结构十分壮观和复杂，环境舒适，温度适宜，犹如安装了中央空调。

蜜蜂、胡蜂等蜂类为自己建造的完美几何学的蜂巢，以及蚂蚁为自己建筑的树枝分布状的地下宫殿，都是昆虫界的建筑代表。

螳螂是大多数人熟悉的昆虫，它不但是昆虫界勇猛的战士和捕食能手，而且也是技术高超的建筑大师。它的建筑杰作不是为自己建造，而是为后代设计建造的。为了产下的卵得到很好的保护，保证第二年 5 月份顺利孵化出下一代小螳螂，雌螳螂一边产卵，一边搭建了内部构造复杂的卵囊。雌螳螂产卵时产卵器会分泌一些泡沫，这些泡沫由蛋白质和二酚醛类物质构成，在空气中氧化为一种坚硬的物质，构成卵囊的外壳。

螳螂建巢时所分泌的泡沫样材料，被尾部搅拌得就像打散的鸡蛋清一样充满气泡。同时，它的腹尾产卵器扎进泡沫中像钟摆一样左右摇摆，每摆一下，就在巢里产下一层卵，同时，巢的外面被尾部裹上了一层泡沫，形成一条横向的细纹。这样，海绵状的螳螂卵囊外壳渐渐形成。在卵囊中间区域两排相互重叠的小鳞片下面，给孵化的幼虫安排了一些出口。

这些昆虫建筑大师很聪明，它们的建筑杰作独一无二，显示了它们在几何学上的天赋，是它们的“专利”。它们的这种专利技术，别的昆虫是无法模仿的，是来源于自身遗传特质。

◆ 螳螂卵巢的形状（1）

◆ 螳螂卵巢的形状（2）

◆ 螳螂

◆ 螳螂幼虫孵化从卵巢钻出

◆ 孵化后的螳螂卵巢形状

◆ 未成熟的螳螂

昆虫中的特技演员

昆虫一般个体娇小，身体轻盈灵活，有些动作就像特技演员表演一样，让人感到不可思议。

苍蝇是我们身边最常见的昆虫，时常看到苍蝇爬在窗户玻璃上，或者倒立在天花板上掉不下来。苍蝇有什么技能，既能稳稳地爬在光滑竖立的玻璃上不打滑，又能凭空倒立在天花板上，还能像特技演员一样在天花板上倒着走?

苍蝇的每条腿末端有两根脚爪，每根脚爪上有毛茸茸的垫盘，垫盘上有许多刚毛，垫盘中间向下凹陷。这个构造非常有用，当苍蝇要停在一个地方时，垫盘就像我们生活中所用的吸盘一样，吸在它停留的物体表面。苍蝇为了保证自己不掉下来，它还另有秘诀，加持了一个保障措施，它的腿部末端有一个可以分泌黏性液体的装置，液体会顺着爪垫盘渗透进接触面，整个爪垫盘可以牢牢地吸附在接触面上。苍蝇想飞走时，它们会散开和立起垫盘上的刚毛，当空气进入时吸附力瞬间消失，就能随时飞走了。

◆ 苍蝇的特技表演

一些尺蛾也像特技演员一样，具有特技功能。尺蛾的幼虫与其他毛毛虫一样在爬行和取食时有吐丝的习惯，当它们还小的时候，常常会像特技演员走钢丝一样在空中沿着长长的丝爬行，或者嘴里叼着丝在空中荡秋千。当它们长大了，吃饱喝足后就倒挂在树叶上睡觉，它们的腹足上有跟苍蝇一样的吸盘。

一些昆虫是天生的特技表演者，能像特技演员那样表演，主要得益于它们的本能，具有一些这方面的天赋，身体上有特殊的结构，不需要像特技演员经过长期特殊的训练。

◆ 毛毛虫吃饱后倒挂在树枝上睡觉

昆虫的寄生生活

寄生是昆虫的一种生活方式。昆虫的寄生就是把卵产到寄生体的体内，幼虫孵化后在寄生体内以被寄生者的内脏为食，慢慢地把被寄生者的身体吞食成空壳，并在壳内完成化蛹，羽化后咬个洞从中钻出。这种生活也太安逸了，真正上演了寄生虫的生活，它们不劳而获，躺着不动就可以心安理得地填饱肚

◆ 姬蜂

子。这种情况看上去确实有点恐怖，被寄生者开始可能没感觉到，或者只是感觉被针扎了一下而已，根本不会想到这一针会给自己带来灭顶之灾。有些寄生者具有非凡的能力，产下的卵非常特殊，可以一卵多胎，一个卵可以在被寄生者体内孵化出高达几千只幼虫。所以它们只要在被寄生者身上扎一下，用产卵器去产一个卵就能够达到大量繁殖的目的。

昆虫中具有寄生本能的种类比较多，一般为蜂类和蝇类两大类昆虫。常见的寄生蜂类有：赤眼蜂、姬蜂、泥蜂、茧蜂、蚜茧蜂、蚜小蜂、金小蜂、跳小蜂、啮小蜂、肿腿蜂、长尾小蜂和平腹小蜂等。常见的寄生蝇类有：寄蝇、长足寄蝇、头蝇、眼蝇、潜蝇、小头虻、网翅虻等。这些寄生性昆虫一般寄生在鳞翅目、鞘翅目等以植物为食的昆虫体内，而大部分植物与人类利益息息相关，因此，这些寄生性昆虫通常被人们饲养、繁殖和释放，利用它们寄生的特点，用来控制那些取食植物的昆虫数量。

◆ 平腹小蜂

◆ 赤眼蜂在昆虫卵上寄生

◆ 寄生蜂在被寄生的蛹内繁殖

昆虫的吃相艺术

蛾类昆虫的幼虫具有群居性，它们可能是在从卵里孵化出来前，已经习惯了待在一个个整齐排列的卵块里。从卵里孵化出来后，它们仍保持群居的习惯，形影不离，几十只幼虫整齐地排成方阵，齐头并进，像打阵地战似的一点一点往前啃食树叶，所过之处树叶不是被啃噬掉表皮，就是被吃成一个大洞。

这些幼虫在一起啃食树叶，尽管看上去挤在一起非常拥挤，但它们互相谦让，很少看到它们因抢夺食物或因拥挤而拳脚相加、大打出手的，反而因排列整齐，阵仗大，甚是壮观，显得比其他任何一种生物的吃相都富有艺术性。

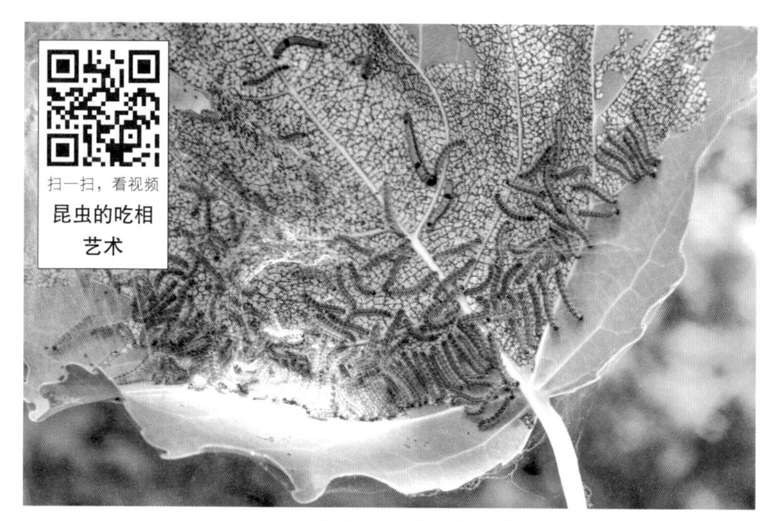

◆ 毛毛虫队列整齐地吃食

◆ 毛毛虫吃食时不忘跳舞

◆ 毛毛虫优雅的吃相

昆虫神奇的秘境

昆虫的身体整体看上去造型奇特或身色华丽，如果把整体或局部放大看，会让人惊心动魄，就像走入一个神秘的境界（简称秘境）。

放大昆虫的个体或局部的细节，会让人更加细致入微地审视昆虫神奇的秘境：有的整体看上去美轮美奂；有的局部特征惊人，或有超大的眼睛，或有密密麻麻的毛丛，或能看到全身密布的刻点，或能看到漂亮的翅脉……总之，不同昆虫身体上的各种秘境让人感到惊奇，惊叹于大自然的神奇和伟大。

昆虫身体的秘境正如昆虫世界一样神奇。昆虫个体小，只有放大后我们才能真正了解它身体构造的全部秘密，才能看到昆虫的身体是经过高度精细、精密的设计，有些昆虫身体上具有非常漂亮的局部构造。

通过昆虫身体的秘境，我们可以了解到昆虫并不是我们看上去的那么简单和微小，而是一个非常鲜亮、生动和迷人的生命个体。

◆ 蚂蚁头部的秘境

◆ 蜂头部的秘境

◆ 天牛头部的秘境

◆ 蟓身体的秘境

◆ 蝉身体的秘境

◆ 蜂身体的秘境

◆ 蜉蝣身体的秘境

◆ 有翅蚜虫身体的秘境

◆ 蜜蜂身体的秘境

◆ 蚁蛉身体的秘境

◆ 甲虫身体的秘境

◆ 蝉腹部的秘境

◆ 象甲身体的秘境

◆ 寄生蜂身体的秘境

◆ 蝉的背面秘境

昆虫的警示语言

为了预防天敌，躲避天敌的伤害，一些昆虫在身体上进化出了鲜艳的色彩和醒目的斑纹。这种显著的色彩和斑纹就像警示语言一样，似乎是警告一些潜在的捕食性昆虫或鸟类：我身上有毒，捕食时要多加小心，尽量躲远点。敌害看到这些警示语言一样的色彩或斑纹时，往往望而却步，知趣地开溜，被吓唬走了。鲜艳的色彩和醒目的斑纹发挥了警示作用，保护了昆虫，增加了自身的生存机会。

有些昆虫身上的鲜艳色彩和斑纹只是摆设而已，它们身上根本没有毒素或反击的工具，只是为了达到吓退敌人的目的；但有些昆虫身上确实有毒或有反击工具，其身体上鲜明的色彩和斑纹是一种真实的警示语言。

不少昆虫身上带有作为警示语言的警戒色。常见的身上带有警示语言的昆虫有马蜂、箩纹蛾、眼蝶、红脊长蝽，以及毒蛾、天蛾的幼虫等。马蜂后背上有两条黄黑相间的条纹，非常明显，在发出警告：我身上有毒刺；箩纹蛾翅膀展开后上面的

◆ 柞蚕马蜂

图案像一张猫头鹰的脸，看上去有些恐怖；眼蝶翅膀上圆形的斑纹，可以吓跑侵袭的捕食者；红脊长蝽身上的多块红色斑，是非常明显的警戒色；毒蛾幼虫身体上颜色鲜艳的毛丛和花纹，仿佛在警告敌害勿靠近；天蛾幼虫身上鲜艳的警戒斑纹，有吓退敌害的作用。

昆虫中的麻醉高手

昆虫中有一类以其他昆虫或动物为猎物的麻醉高手，这种昆虫是泥蜂。顾名思义，这种蜂与泥土有关，泥蜂大多数在土中筑巢，它们筑好巢后在巢室内产卵，产完卵后将幼虫需要的食物提前带到巢内储备好，然后封闭巢室，保护巢内的卵和即将孵化出来的幼虫。泥蜂带到巢中的食物为其捕获的猎物，比如，其他昆虫、蜘蛛等。泥蜂的卵孵化出的幼虫没有足，不能外出活动，只能以父母为其提前贮存的食物为食。

大多数泥蜂是非常厉害的捕猎高手，甚至将蜜蜂作为猎物捕获。泥蜂捕猎时用尾部发达的螫（shì）针在猎物身上注入毒素，使猎物麻醉，然后把昏睡中的猎物带回巢中贮存，供以后出生的幼虫享用。

◆ 泥蜂

蝴蝶是人们常见和喜欢的昆虫，也是昆虫中的佼佼者和宠儿。你知道地球上最珍贵的蝴蝶是哪个吗？蝴蝶中的帝王、皇后长什么样子呢？甲虫是许多昆虫爱好者的宠物和艺术品，哪个甲虫长得帅气威武？哪个甲虫体形最大……当你看到昆虫世界的“明星”们时，一定会感叹大自然的伟大和神奇，从而对精彩纷呈的昆虫世界产生兴趣。

05

明星昆虫

蝶中仙女：光明女神闪蝶

光明女神闪蝶是一种如梦幻般的蝴蝶，前、后翅翅面整体呈紫蓝色，前翅两端从深蓝到湛蓝再到浅蓝连续过渡变化。前、后翅翅面上点缀着两条断续状白色条纹，构成“V”字形，整个翅面看上去既像蔚蓝的天空中飘着朵朵白色的云彩，又像蓝色的天空镶嵌了一串亮丽的光环。光明女神闪蝶颜色亮丽，体态优美，翅面颜色与花纹搭配构成壮观美丽的图案。它被誉为世界上最美丽的蝴蝶，是蝶中仙女，一般生活在热带雨林地区。

◆ 光明女神闪蝶

蝶中皇后：金斑喙凤蝶

金斑喙凤蝶是一种大型凤蝶，为我国特有的珍品，被誉为“国蝶”“蝶之骄子”。它珍贵而稀少，是我国蝶类唯一的国家一级保护动物，居世界八大名贵蝴蝶之首，又有“梦幻蝴蝶”和“世界动物活化石”之美誉。金斑喙凤蝶姿态优美，华丽高贵，光彩照人，犹如“贵妇人”，被称为“蝶中皇后”，为世界

◆ 金斑喙凤蝶

上珍贵的蝶种。

金斑喙凤蝶翅膀上布满绿色的鳞粉，闪烁着幽幽的绿光。前翅上各有一条弧形金绿色的斑带；后翅中央各有一块金黄色的大斑，后缘有月牙形的金黄斑，后翅的尾状突出细长，末端为金黄色。金斑喙凤蝶主要分布在我国福建、江西、广西、海南等地。

蝶中帝王：黑脉金斑蝶

黑脉金斑蝶，也称大桦斑蝶，双翅黑色与金黄色相间，沿着翅膀边缘嵌着白色斑点。翅膀颜色以金色为主，好像帝王的

◆ 黑脉金斑蝶

王冠，所以黑脉金斑蝶被称作“帝王蝶”，是最具收藏价值的蝴蝶之一。黑脉金斑蝶产自北美洲，是地球上唯一会迁徙的蝴蝶。

蝶中珍品：双尾褐凤蝶

双尾褐凤蝶是世界上罕见的珍稀蝴蝶之一。前翅黑色有光泽，有 7 条淡黄色细横带自前缘直达中脉，中间 5 条横带合并为 3 条直达后缘；后翅狭长，呈黑色，外缘呈扇形，后缘中下部稍内陷，臀角处有深缺刻，上方有 3 个尾突，最前方一个尾

◆ 双尾褐凤蝶

突较长，端部膨大呈棍棒状，近外缘有较大的透亮红斑，亚外缘有两个蓝色眼点及 4 个淡黄色月形斑，翅中央有不规则的淡黄色宽线。后翅反面中室区内有一个红斑，前面两个尾突间内侧有一个橙色新月形斑。20 世纪 30 年代，首次在我国云南西部发现双尾褐凤蝶，其为中国特有种，分布在四川、云南，是国家二级保护野生动物。

蛾中太后：帝王蛾

帝王蛾即乌桕大蚕蛾，为蚕蛾科的一种大型蛾类，也是世界上最大的蛾类，翅展可达 180—210 毫米。翅面呈红褐色，

◆ 帝王蛾

前后翅的中央各有一个三角形无鳞粉的透明区域，周围有黑色带纹环绕，前翅先端有一个鲜黄色蛇头样的突起，上缘有一个像蛇眼的黑色圆斑。帝王蛾数量稀少，十分珍贵，属于受保护的昆虫种类。

虫中帝王：泰坦甲虫

泰坦甲虫是世界上最大的甲虫之一，体长可达到21厘米。这种甲虫拥有强大的下颚，能够轻易地把铅笔咬断成两半。泰

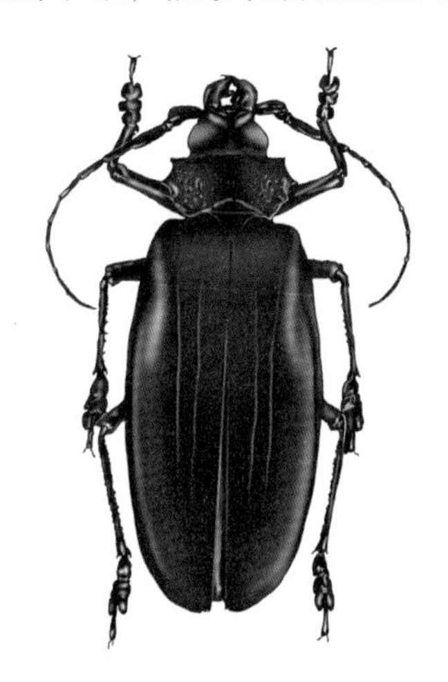

◆ 泰坦甲虫

坦甲虫的成虫从不进食，它们只是到处飞来飞去寻找配偶。泰坦甲虫的幼虫从未被发现过，科学家认为其幼虫应该居住在木头中数年后才完全长大，之后化蛹变成成虫。

虫中帅哥：中华虎甲

中华虎甲的身体具有强烈的金属光泽，头及前胸背板前缘

◆ 中华虎甲

为绿色，背板中部为金红色或金绿色。复眼大而外突，触角细长呈丝状。鞘翅底色深绿。翅前缘有横宽带。翅鞘盘区有 3 个黄斑，其基部、端部和侧缘呈翠绿色。中华虎甲身形矫健、俊朗，虎虎生威，是昆虫中的“帅哥”。

虫中萌娃：二尾舟蛾幼虫

二尾舟蛾幼虫非常萌，全身绿乎乎、肉乎乎的，脑袋大大的，呈正方形，部分脑袋缩入前胸内；两根长长的尾巴向上翘起，上面长着许多蓝黑色小刺，末端为深红色。

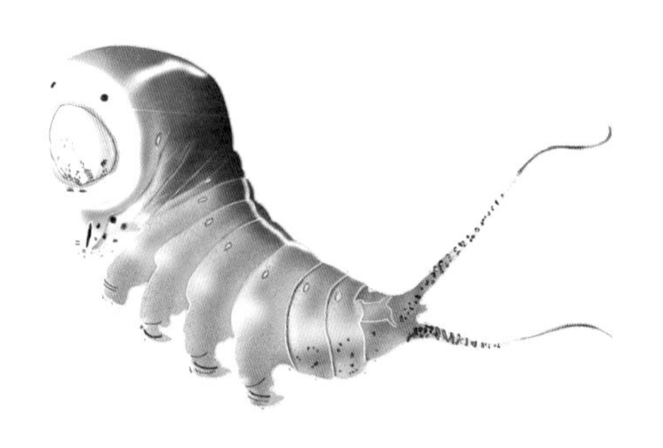

◆ 二尾舟蛾幼虫

虫中恐龙：长戟大兜虫

长戟大兜虫体长可达到184毫米，是世界上最长的甲虫，也是世界上最大的甲虫之一，分布在中南美洲的热带雨林。其形似恐龙，力量极大，被誉为“大力神”。其前胸背板呈黑色，翅鞘呈暗黄色至棕色，并分布有不规则的黑色斑点。

◆ 长戟大兜虫

虫中犀牛：亚克提恩大兜虫

亚克提恩大兜虫是象兜虫属里所有已知种类中雄性虫体形最大的，背上有一个厚而硬的盔甲。成虫大都呈哑光黑色，少数成虫呈深褐色。雄虫拥有发达的头角，以及左右向前伸出的粗大胸角。

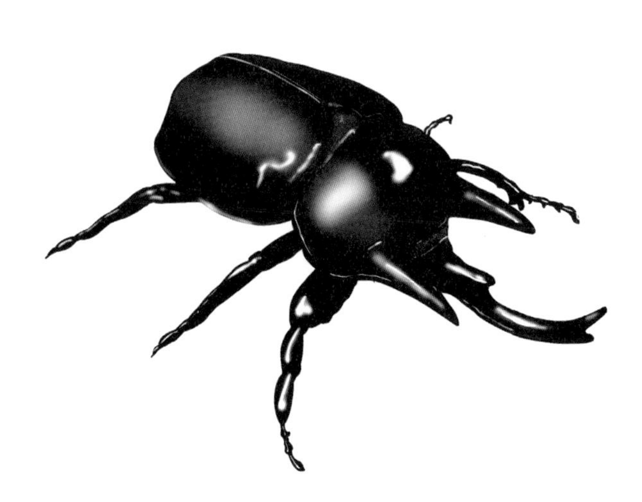

◆ 亚克提恩大兜虫

虫中飞行冠军：蜻蜓

蜻蜓的颜色多种多样，有红色、黄色、黑色、草绿色和花色。它是一种善飞的昆虫，飞行技艺十分高超，结队飞行时，犹如战斗机群在空中编队飞行。蜻蜓的飞行速度为每小时 50—70 千米。蜻蜓的腹部细长，两对翅膀又薄又透明，纤细的头颈轻盈灵巧，非常适合飞行。蜻蜓还能在空中作特技飞

◆ 蜻蜓

行，姿态优雅，动作干脆利落。它时而盘旋，时而急飞，时而垂直，时而滑翔，时而忽然停住，又急速飞行。所以，蜻蜓是昆虫中的飞行冠军、当之无愧的“飞行之王”。

虫中跳高能手：吹泡虫

跳蚤一直被认为是跳得最高的昆虫，但其实吹泡虫才是当之无愧的昆虫界跳高能手。吹泡虫跳跃时，高度能达到自身体重的 414 倍，能跳到 70 厘米左右的高度。

吹泡虫，为一种沫蝉，是非常小的昆虫，身长一般只有几毫米，身体呈椭圆形，颜色多为灰色或棕色，具有强壮的后腿和长长的触角。它的腹部末端具有分泌泡沫的腺体，能够分泌出一种稀黏的胶状液，黏液与身体两侧气门中排出的气体相结合，形成许多小气泡。这就是吹泡虫名字的由来。

◆ 吹泡虫

虫中伪装大师：兰花螳螂

善于伪装的昆虫比较多，如枯叶蝶、竹节虫、叶子虫、螳螂等。螳螂中的兰花螳螂身似兰花，是昆虫中的伪装大师。它

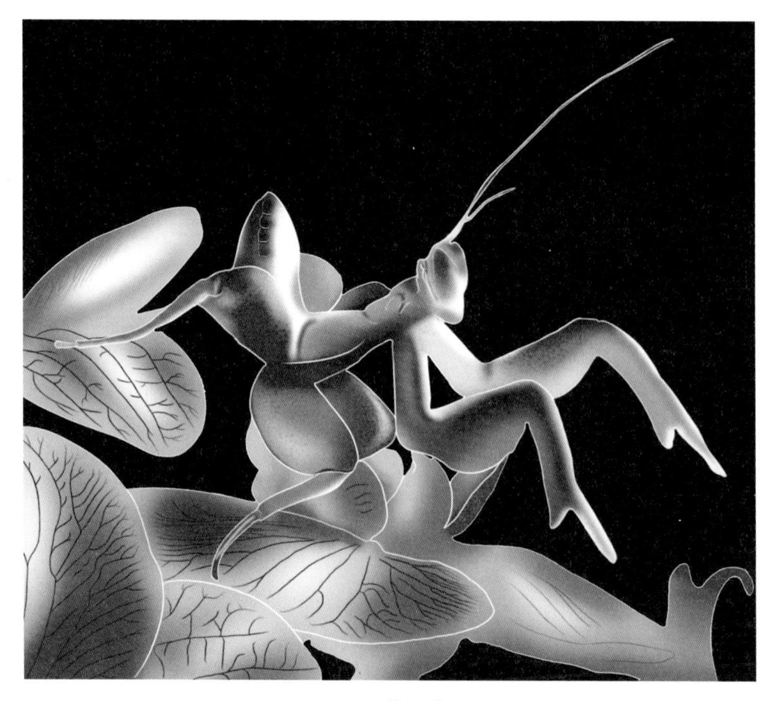

◆ 兰花螳螂

的身体形态类似兰花花瓣的形态和颜色，能在兰花中实现最完美的伪装，而且它能随着花色的深浅调整自己身体的颜色，可以在兰花中遁于无形，让人难以分辨。

虫中长寿者：周期蝉

不同种类的昆虫寿命差别很大，大部分昆虫的寿命较短。通常体形小、繁殖速度快、食源丰富的昆虫寿命较短，体形较

◆ 周期蝉

大、繁殖速度慢、食物来源单一的昆虫寿命较长。每种昆虫的生命长短受生命周期和环境影响，有些昆虫在不良环境下会提前或延迟进入下一个虫态期，这无异于缩短或延长了寿命。常见的蛾、蝶类成虫的寿命最多一个月，它们的雄成虫寿命最短，交配完了，生命也就结束了。

截至目前，发现的昆虫中寿命最长的是一种蝉。这种蝉叫周期蝉，生活在北美洲，在地下能够生存17年。17年之后，它从地下打个洞，钻出来，爬上树干，长出大而透明的翅膀，完成美丽的蜕变。这种蝉与普通蝉较明显的区别是，身体通黑，复眼圆而突出，颜色较红。

虫中短寿者：蜉蝣

蜉蝣是一种最古老的有翅昆虫。蜉蝣身体柔软细长，只有一对发达的前翅，后翅退化，腹部末端拖着一对长长的尾须。蜉蝣成虫之前的稚虫在水中生活1—3年，稚虫变成成虫后不取食，成虫的寿命很短，仅3—24个小时。

蜉蝣种类较多，但其稚虫均生活在水中。蜉蝣稚虫对水体

◆ 蜉蝣

环境变化非常敏感，因此，人们把水环境中是否有蜉蝣稚虫生活，作为水质监测的重要依据，在稳定和良好的水质条件下，蜉蝣的数量较多。

对于大多数人来说，往往更关注野生动物，忽视常常会遇见的昆虫。大多数人能够叫得出不少野生动物的名字，但对于时常碰到的昆虫，很少有人说得上名字。熟而不识，见而不明，是大部分人对常见昆虫的认知。认识、了解出现在我们周围的常见昆虫，无疑是我们增长见识、了解大自然的最佳途径。

06

常见的昆虫

无论是居家还是外出，我们经常会遇到各种各样的昆虫，可以说，昆虫与我们形影不离，是我们的“邻居”。

室外常见的昆虫

树上“常住民”

森林是昆虫主要的家园，大多数昆虫栖息在森林里，它们在这里繁衍生息，可以说，森林是昆虫们的天下。我们生活的小区里、游玩的公园里、绿化带里的树木上都会有许多昆虫，它们是森林中昆虫的延伸，是我们身边的“邻居”。昆虫点缀了我们的生活，丰富了生物多样性。

这些树上的“常住民”有：天牛、木蠹蛾、螟蛾、毛毛虫、瓢虫、蝉、螳螂、黄蜂、蜡蝉、蝽、蚂蚁、蚧、蚜虫等。

◆ 吉丁虫

◆ 臭大姐——麻皮蝽

◆ 斑衣蜡蝉若虫

◆ 红脊长蝽

◆ 螳螂

◆ 桑天牛

◇ 薄翅锯天牛

◆ 光肩星天牛

◆ 斑衣蜡蝉成虫

◆ 黄钩蛱蝶幼虫

◆ 透翅蜡蝉

◆ 美国白蛾幼虫

◆ 榆绿天蛾

◆ 黄刺蛾幼虫

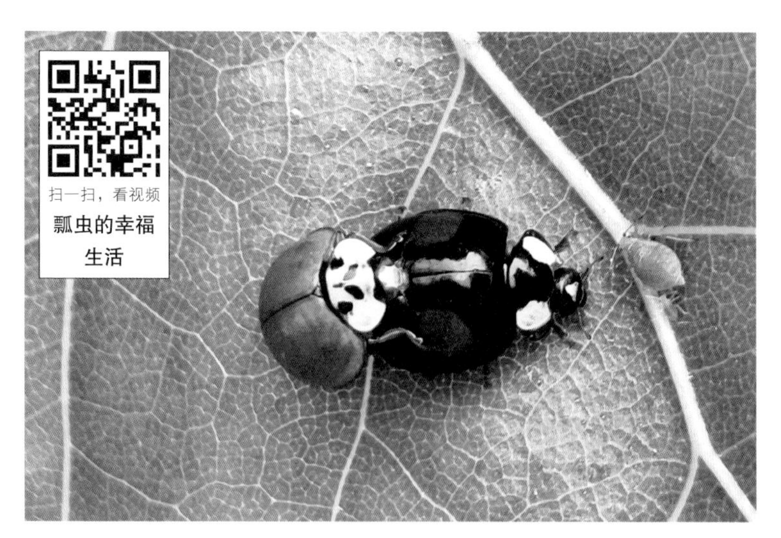

◆ 异色瓢虫

◆ 天蛾幼虫（1）

◆ 天蛾幼虫（2）

◆ 舟蛾幼虫

◆ 蠋（zhú）敌与毒蛾蛹

◆ 姬蜂

◆ 榆黄叶甲

◆ 沟眶象

◆ 草蛉

◆ 大蚊

◆ 缘蝽

花丛“闻香者”

昆虫像我们一样也对芬芳娇艳的花情有独钟，喜欢观赏花，闻花香，采花蜜，蜜蜂、蛾、蝶、食蚜蝇、蚜虫等都喜欢花。不过蜜蜂赏花跟我们不同，它们不但来赏花，而且嘴里还吸走花蜜，腿上携走花粉，从而完成酿造蜂蜜和传粉两项大的工程。

酷似蜜蜂但不蜇人的食蚜蝇，穿梭在花丛中时而悬停不动，时而突然直线高速飞行，而后盘旋徘徊。它们是为了快速地寻找花粉，或是已经吃到了甜蜜的花粉而欢欣飞舞。

◆ 斑青花金龟

◆ 食蚜蝇

◆ 蜜蜂

◆ 黄虻

◆ 茶翅蝽

◆ 弧丽金龟

◆ 鼻蝇

空中“跳舞者”

我们经常会看到在空中穿梭飞舞的昆虫，这些昆虫有一些是像蜻蜓一样的捕食类昆虫，有一些是像蛾、蝶类的授粉昆虫，有一些是像摇蚊、蜉蝣一样的群飞性昆虫，还有一些是像黑脉金斑蝶、蝗虫一样的迁移性昆虫，另外还有乱飞乱撞的蚜虫、飞虱等昆虫。

翩翩起舞的蝴蝶，忽上忽下冲刺飞行的蜻蜓，“嗡嗡”穿梭飞舞的各种蜂，这些空中“跳舞的昆虫”不仅展示了它们独特的飞行能力和生态习性，也构成了自然界中丰富多彩的场景。同时，一些昆虫通过飞行活动完成了它们繁殖、觅食的任务。

◆ 蛱蝶

◆ 菜粉蝶

◆ 眼蝶

◆ 凤蝶

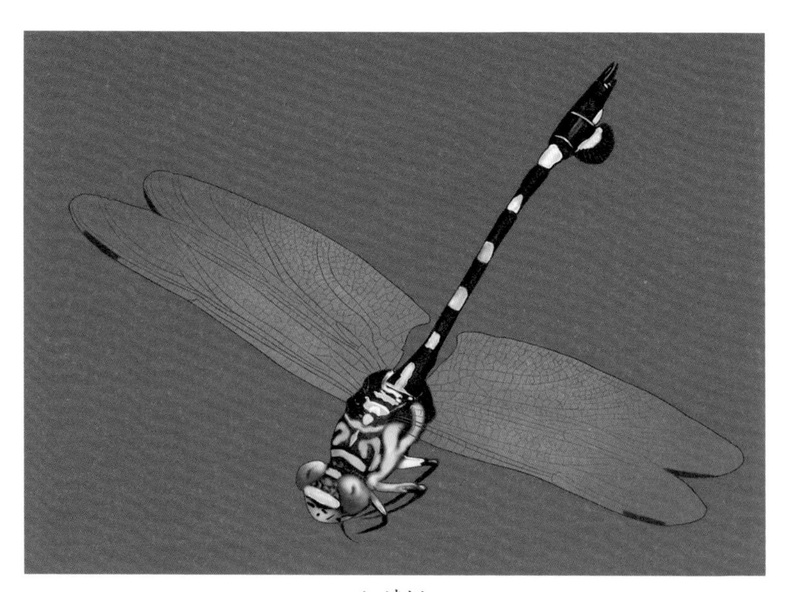

◆ 蜻蜓

◆ 金凤蝶

◆ 弄蝶

◆ 豹蛱蝶

◆ 豆粉蝶

地上“爬行者”

白天，我们在路上行走时，经常会看到许多急匆匆穿行赶路的蚂蚁、成群结队迁移的毛毛虫，以及一些类似昆虫的马陆、蜘蛛等。晚上，我们遛弯儿时，经常会碰到刚从土里爬出来急着找食吃的金龟，刚在隐蔽处大展歌喉此时出来散步的蟋蟀，出来觅食的土鳖虫，钻出地面活动的蝼蛄，张着大嘴、迈着疾步找寻猎物的虎甲和步甲等昆虫，以及类似昆虫的蚰蜒、蜈蚣等动物。

昆虫 3 对足的主要功能是用来爬行，但像螳螂和蝼蛄等昆虫的前足，蝗虫、蜜蜂等昆虫的后足除了爬行外，还有重要的捕捉、挖掘和携带功能。

◆ 中华婪步甲

◆ 通缘步甲

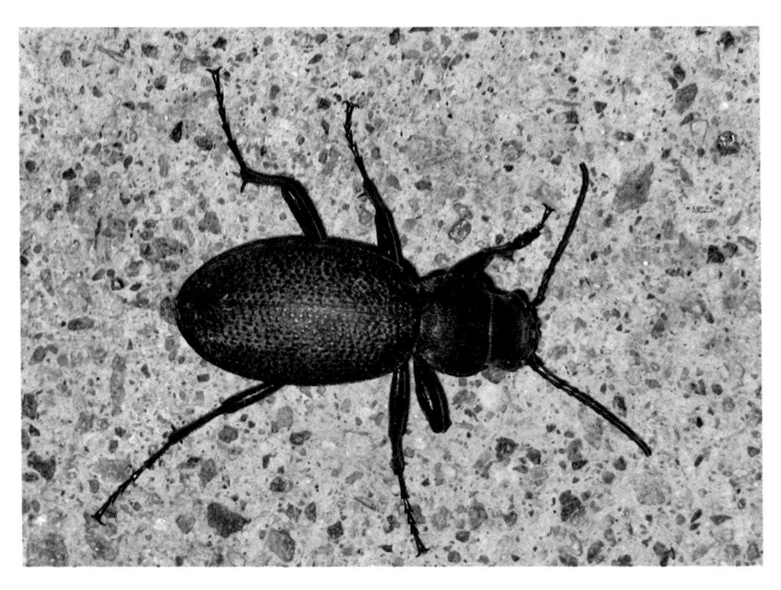

◆ 刻步甲

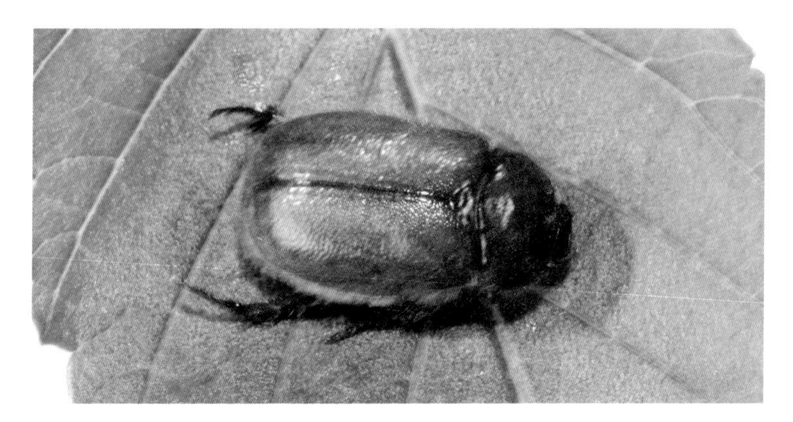

◆ 毛黄鳃金龟

◆ 东北大黑金龟

◆ 中华真地鳖

◆ 月斑虎甲

土壤“遁身者”

在土壤中生活的昆虫，种类很多，有小地老虎、黄地老虎等地老虎类昆虫的幼虫（幼虫呈灰色，称为“土蚕”），有黑绒金龟、铜绿丽金龟等金龟类昆虫（幼虫呈白色，称为“蛴螬”），还有蝉、叩甲（即金针虫）、泥蜂、土蜂、蝼蛄、土蝽、根蚜、根粉蚧等昆虫。

在土壤中生活的大部分昆虫，幼虫（若虫）期在土中生活，在土中化蛹，蜕变为成虫后钻出土层，在地面上活动。值得一提的是，蝉的幼虫需要爬出地面，才能蜕变成成虫。蝼蛄的幼虫、成虫均在土中生活，成虫昼伏夜出，在土里土外来回穿梭。

◆ 蟋蟀

◆ 蝼蛄

室内常见的昆虫

家中的昆虫

自然界所有的动物本没有善恶之分，大自然在演变之初，就为每一种动物设定了一定的生活范围和饮食规则。大多数昆虫与人类在生活上存在交集，只是苍蝇、蚊子、蟑螂、蛾蠓等昆虫与人类的交集更多，在一定程度上影响到人们的生活，所以人们对这几种昆虫普遍表现出了憎厌的情绪。可能也是因为它们几个，导致大多数人谈到昆虫，都摇头表示没有好感。

● 苍蝇

常见的苍蝇种类有：家蝇、大头金蝇、绿豆蝇、丽蝇、麻蝇等，属于杂食性蝇类。经常出没于家中的大多为家蝇，它们对于糖、醋的气味，或氨味、腥味具有极强的趋向性，多出现在厨房、卫生间等气味较重的地方。苍蝇属于白天活动、夜晚静伏的昆虫。

◆ 绿豆蝇

● 蚊子

蚊子的种类较多，全世界约有 3300 种蚊子，我国有 33 种。蚊子主要有三大类，分别为按蚊、库蚊和伊蚊。

按蚊的翅通常有斑，身体多呈灰色，停留时身体与停留面保持一定的角度，经常在夜间活动；库蚊的翅通常无斑，身体呈棕黄色，停留时身体往往与停留面保持平行状态，多在夜间活动；伊蚊的翅没有斑，身体多呈黑色且有白斑，喜欢在白天活动。

一般家中常见的蚊子是按蚊、库蚊，叮人的是雌蚊，雄蚊叮人的器官退化了，不叮人。白天，我们在草坪或树林里遇到的“花蚊子”属于伊蚊。

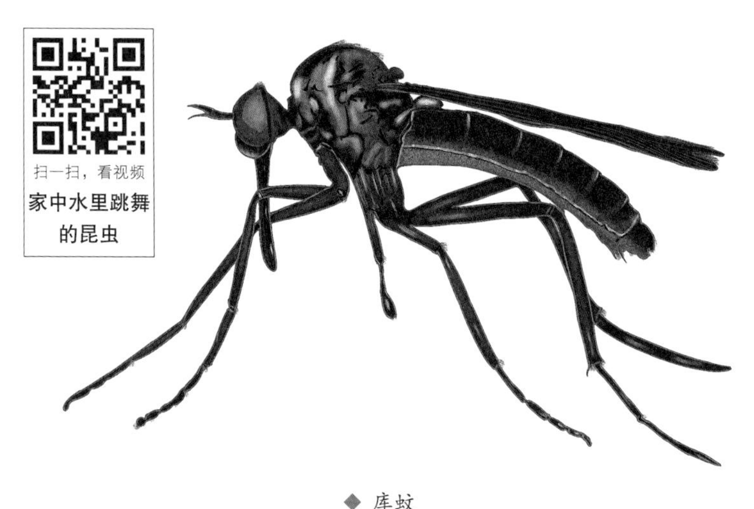

◆ 库蚊

● 蟑螂

蟑螂是“蜚蠊”的俗称，是世界上最古老、繁殖性和生命力超强的一个昆虫类群。根据化石考证，蟑螂约在 4 亿年前志留纪时期就出现在地球上，随着时间的变化，其生命力和适应力越来越顽强，一直繁衍到今天，分布在世界各个角落。地球上的蟑螂有 5000 种左右，我国约有 200 种。其中影响人类生活的蟑螂有 10 种左右，我国居民家中最常见的蟑螂有德国小蠊、美洲大蠊、黑胸大蠊。蟑螂一般把卵囊背在身上。

德国小蠊：体长 11—15 毫米，体色棕黄色，前胸背板具有两条内侧平直的纵向黑色条纹。德国小蠊是家中最常见的蟑螂。

美洲大蠊：体长 29—35 毫米，体色红褐色，翅长于腹部末端，触角很长，前胸背板中间有一个较大的蝶形褐色斑纹，斑纹的后缘有一个完整的黄色带纹。美洲大蠊能够无性生殖。

黑胸大蠊：体长 23—30 毫米，体色棕褐色，有光泽。前胸背板略呈钝三角形，呈深棕褐色，无花纹。

◆ 德国小蠊

◆ 美洲大蠊

● 蛾蠓

蛾蠓又称“蛾蝇”“蛾蚋（ruì）”“毛蠓”，呈灰黑色，体形小，全身长满细毛，头部小。触角长，约为身体长度的一半，轮生长毛；胸部粗大而背面隆突，足较短或细长。翅膀为梭形，呈屋脊状斜放，翅上有斑纹，多毛，休息时两翅呈屋脊状。

◆ 蛾蠓

蛾蠓的幼虫生活在下水道中，羽化后，成虫飞到室内，常出现在卫生间的镜子、墙上或毛巾上。

除了以上被认为是生活中“四大恶棍”的昆虫外，室内常见的昆虫还有衣柜里的皮蠹、衣鱼、衣蛾，花上的小黑飞虫，以及宠物身上的跳蚤等。

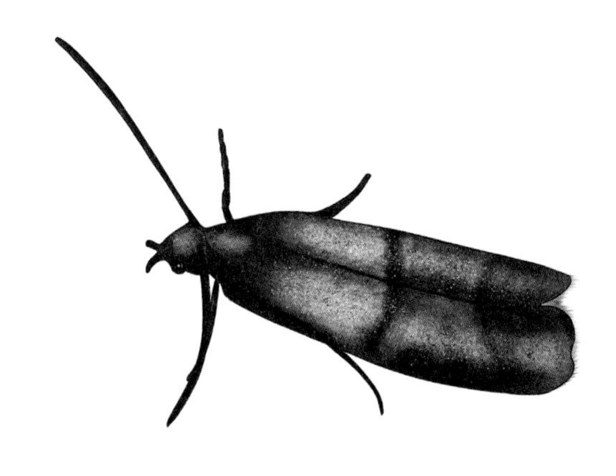

◆ 衣蛾

食物中的昆虫

家中的食物里也经常有多种昆虫出没，和我们抢吃的。比如，在面粉中偷吃并在家里到处乱飞的米面蛾，偷偷钻入大米和豆类中的米象，在葡萄里蛀食的果蝇，在梨、桃和苹果中钻探的食心虫和蛀螟，藏在玉米棒里的棉铃虫和玉米螟，爬在菜叶上的菜青虫。

◆ 米象

◆ 钻入桃子里的食心虫

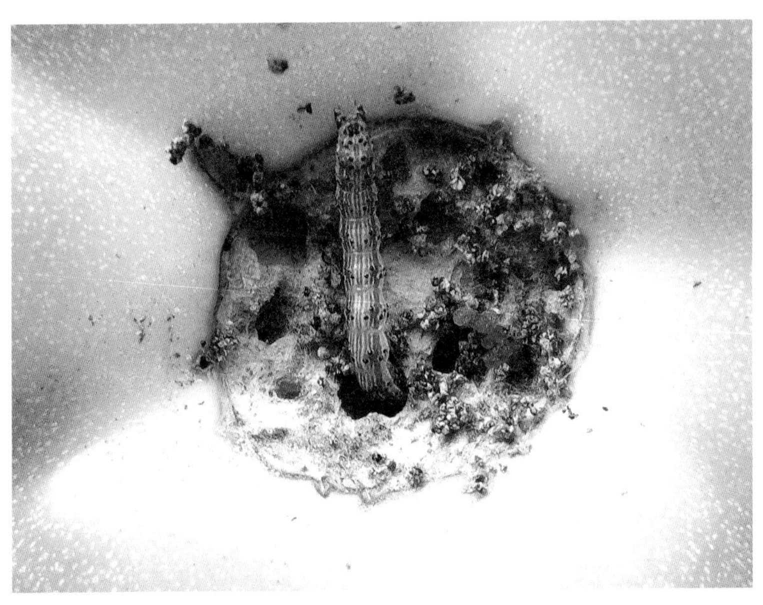

◆ 从西红柿里爬出来的食心虫

我们平常视而不见、容易忽视的小昆虫，与我们的关系非常密切，在我们的生活中发挥着不可替代的重要作用。了解昆虫与人类的关系有助于增强对昆虫的进一步认识，改变原有的片面认知，更好地接纳昆虫。昆虫是陆地生态系统的重要组成部分，扮演着不可替代的重要角色：昆虫是地球上物种最丰富的生物类群，是全球生物多样性的重要维护者；昆虫的生态系统类型非常多，在维持生态系统功能稳定性方面有着非常重要的作用；昆虫是食物链中重要的一环，假如一种昆虫遭到灭绝，有可能造成几种与之相关物种的灭绝。

07

昆虫与人类生活

昆虫与人类的关系，不能简单地用好与坏来描述。昆虫本身没有好坏之分，它们只是凭借遗传本能在生存和繁衍。

昆虫与人类的生产、生活息息相关，涉及人的吃、穿、用，甚至有些传粉、科研和医药等方面的工作只能依靠昆虫来完成。

植物传粉大使

开花的植物种类非常多，所有粮食作物和果树都需要开花、传粉、结实。为一片上千亩的粮食作物和果树完成授粉是一项重大工程，要想用人工完成这件事，耗时不计其数，恐怕谁也胜任不了。然而对于授粉这件事，人类从来没有担心过，也很少有人去做过。因为各种蜂、蝶和蛾自然而然地、不费吹灰之力就为粮食作物、果树完成了授粉。

◆ 蜜蜂传粉

其中功劳最大者要数蜜蜂，据估计，80% 的植物传粉任务由蜜蜂完成。众所周知，大多数植物开花后如果没有成功传粉和授粉，是结不了种子和果实的，所以我们时常在享受蜜蜂的劳动成果。有人说："看起来是人类在喂养蜜蜂，实际上是蜜蜂在喂养人类。"爱因斯坦也曾说："如果蜜蜂从地球上消失，人类将只能存活 4 年。"

从这个意义上讲，昆虫与人类的生活息息相关，我们应该正视昆虫存在的必要性和重要性，从而正确认识和对待它们。

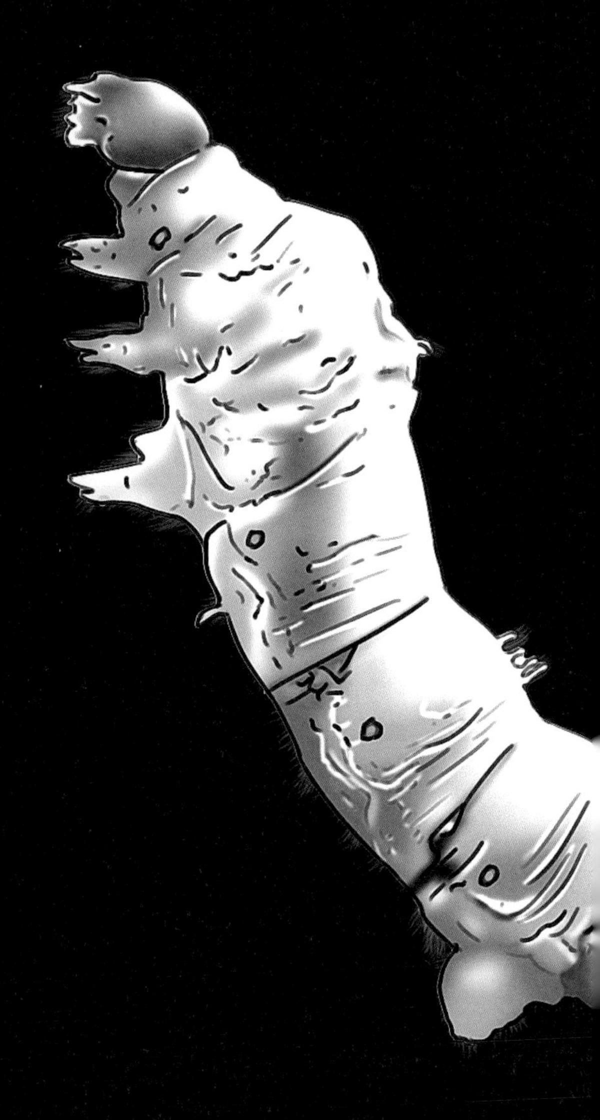

◆ 家蚕

丝织品的来源

丝织品是上好的衣服材料，用丝织品制作的衣服穿上去柔顺丝滑，体感、质感和舒适度都非常好，是衣物中的上品。

通常用的丝织品原料来自家蚕，这种昆虫为我们提供了几乎所有丝绸的原料。其实，家蚕吐丝结茧仅仅是为了保护蚕蛹，是作为一个母亲对孩子的爱和职责。“春蚕到死丝方尽，蜡炬成灰泪始干”，家蚕用生命吐出的丝，除了能够很好地保护蚕蛹正常羽化外，还能够做成上等的丝织品供人类使用。

实验室里的明星

果蝇是家中常见的昆虫，它身体娇小，以酵母菌为食，对发酵腐烂的味道十分敏感，如果家中出现了腐烂的东西，果蝇会闻着味道从窗户飞进来。有时你会发现家里本来没有果蝇，如果吃剩下的水果核在垃圾桶中放时间长了，上面的果肉腐烂了，果蝇便会很及时地来报到。

尽管果蝇在家里到处乱飞，惹人讨厌，但它是很多生物学家的宠物，它跟小白鼠一样是实验室里的明星。在生命科学发

◆ 果蝇

展的历史长河中，果蝇扮演了十分重要的角色，是非常活跃的模型生物。许多科学家通过果蝇进行了各种各样关于遗传学和人类疾病的实验；许多科学家也因研究果蝇取得重大的科学发现和成果，获得诺贝尔奖。人类帕金森病、阿尔茨海默病、药物成瘾、酒精中毒、衰老与长寿、学习记忆与某些认知行为，以及早期胚胎发育中的遗传调控机理等的研究都有果蝇的“身影”。

近一个多世纪以来，果蝇为遗传学各个层次的研究积累了十分丰富的资料，立下了丰功伟绩；作为经典的模式实验生物，它将继续在遗传学研究中发挥不可替代的作用。

餐桌上的佳品

说到昆虫与人类生活的关系，不得不提昆虫与人类饮食的关系。“民以食为天”，不少昆虫被送上餐桌，成为人们喜爱的美食。

昆虫美食中，人们见得最多的昆虫当数蚂蚱、蝉蛹、蚕蛹、蜂蛹、金龟和竹虫等。蚕蛹具有极高的营养价值，含有丰

◆ 蚕蛹

富的蛋白质、脂肪酸、维生素。蚕蛹的蛋白质含量在 50% 以上，远远高于一般食品。蚕蛹蛋白质是一种优质的昆虫蛋白质，由多种氨基酸组成，有成人身体必需的 8 种氨基酸，且含量远远高于猪肉、鸡蛋、牛奶等食物。

中药中的珍品

中医是我国独有的医术，是我国的瑰宝和国粹。中药是中医的灵魂，每一种中药材都发挥着独有的作用。一些昆虫是不

◆ 地鳖虫

可或缺的中药药材，少了它们可能达不到治疗效果。

目前，药用昆虫种类达 200 多种，有蝉蜕、虻虫、地鳖虫、蟋蟀、蝼蛄、桑螵蛸、僵蚕、蚕沙、斑蝥（máo）、蟑螂、蝉花、虫草、蚂蚁、胡蜂等。

除了以上作用外，昆虫还在维持地球环境稳定和人类正常生活中起着重要作用：昆虫在土壤中活动，使土壤疏松透气，它们的排泄物正是土壤养分的重要来源；昆虫消化了大量腐败了的动植物，并将营养重新释放到大自然中。

昆虫并不可怕，它们对人类不存在敌意，有些昆虫甚至超级可爱，还有些昆虫的生活充满奇趣。我们应该亲近昆虫，对它们了解得多了，就会渐渐喜欢上它们。

走近昆虫，能让我们走进大自然，充分享受大自然赐予我们的丰富的生命体验，更加珍惜和爱护同一片阳光下、同一片蓝天下、同一个地球村里所有的生命体，让地球上每一个生命体都受尊重地、有尊严地生活在所属的世界里，让昆虫与我们人类和谐相处。

08

走近昆虫

迷人的昆虫世界

说到昆虫，可能有的人会不自觉地“谈虎色变”，心生讨厌或恐惧。其实，昆虫并不可怕，不少昆虫的成虫阶段还非常漂亮，如蝴蝶、甲虫等；有的昆虫可作为艺术品收藏，如蝴蝶标本；有的昆虫可当作宠物饲养，如锹甲。大多数人觉得昆虫可怕是指毛毛虫，其实毛毛虫并不会对人造成伤害，它们没有攻击人的意识，只是有些毛毛虫身上的毛被人接触后会让人过敏。真正让人害怕的可能是一些不属于昆虫的虫子，如蜘蛛、马陆、蜈蚣、蚰蜒等长着很多腿的非常像昆虫的动物。它们不是昆虫，昆虫因此受牵连。

昆虫世界是个谜，非常神奇和让人着迷。截至目前，还有许多未探知的昆虫的种类、生活习性、行为和生物学特性，并且每年都有不少新品种昆虫被发现。法国昆虫学家法布尔放弃教师职业，痴迷于研究昆虫，与昆虫结缘几十年，到80多岁仍孜孜不倦地埋头潜心研究昆虫。法布尔不但自己痴迷于昆

◆ 呆萌的跳蛛

虫，还带动家人一起外出采集昆虫，一家人饭后坐在一起观察昆虫实验。许多生态学家、昆虫学家也对蝗虫、螳螂、蝉、蚂蚁、蜂等昆虫进行过非常深入和细致的科学研究，取得了详细、科学、全面的数据和资料。

昆虫的神奇之处让许多从事与昆虫相关职业的人士如痴如狂，就像得了职业病似的，走在树下不由自主地要抬头找寻是否有昆虫。还有许多昆虫痴迷者不惜重金购买高档摄影器材，专门用于拍摄昆虫。有的人一大早起来去周边山上、公园里等地方找昆虫；有的人专门在昆虫多发的季节，不远万里进入深山老林，探寻各种昆虫，企盼有新的发现。

对这些“头脑简单”的昆虫的研究，成了科学史上一些杰出的科学家，如法布尔、达尔文、爱德华·威尔逊等的灵感来源。许多科学家和博物学家，沉醉于昆虫既陌生又似曾相识的生活史，他们惊叹于被认为“头脑简单”的“六足生灵”的神奇之处。比如，某些甲虫、蠼螋会吃它们的后代；萤火虫通过闪烁的萤光、蟋蟀用振动翅膀发出声音来吸引异性；蚂蚁的社会结构之复杂甚至超过人类。

观察昆虫

昆虫世界的神奇和神秘，以及无尽的探索空间和秘密，吸引着无数昆虫爱好者走近昆虫，观察昆虫，和昆虫交朋友，探寻昆虫的秘密。对于热爱大自然的人来说，走近昆虫，了解昆虫，观察昆虫，将会丰富和充实自己的兴趣和生活。

走近昆虫，想与昆虫更亲近一点，应该平等地看待它们，给予昆虫应有的尊重。这样你会与大自然走得更近，更能体验到生命的奥妙，体会到更多的乐趣，感受到生命体的丰富多彩，惊叹于大自然的伟大与神奇。

其实，想要接近昆虫，很容易实现，方法非常简单，只要你走出家门，睁大眼睛，保持良好的耐心，像找寻丢失的珍宝一样仔细观察，就一定会在一片草地上、一丛花上、一棵树上，有意想不到的发现。你会发现，原来你根本没有在意或没有注意到的昆虫“小精灵”在自由自在地活动，你会产生从陌生到好奇再到感兴趣的心理变化。如果你的好奇心再强一点，或胆量再提高一点，甚至会产生把昆虫拿到手上把玩，或者采集到家中养的想法。

如果你的耐心和兴趣再强一点点，你会在一片花丛中发现各种各样的昆虫，蜜蜂在飞来飞去忙于采蜜，蝴蝶在蜻蜓点水似的喝露珠，蚂蚁奔波于搜集食物，金龟钻在花蕊中咬花丝，蜘蛛守株待兔似的静伏，蚜虫成群结队地吸花汁，瓢虫在尽情地享用蚜虫美食大餐，茎蜂偷偷地想把卵产在花枝里……

如果你走得更远一点，到一片树种复杂、人为干扰较少的森林，那里就是昆虫的世界，你待在一个地方不动，会在周围360° 的每一个角度发现昆虫，发现不同昆虫的卵、蛹、幼虫和成虫；会有幸看到昆虫的调情、狩猎、交配、产卵、孵化、化蛹、羽化、进食、疾走；你会惊叹于一些昆虫新奇的形态，会因一些昆虫色彩缤纷的身体而流连忘返，会感叹于大自然在这里深藏着如此神奇的生命体，原来这里才是真正的生命乐园。

总之，如果你在一个地方待久了，就会发现这里是昆虫们聚会的场所，不同的昆虫在忙着各自的事，它们之间互不干扰。如果你正好遇到一只安静地伏在花瓣上或树叶上的蛾子，你会想到它昨天晚上的“婚事”是否顺利，是在享受“婚礼”的余韵，还是正在待产，或是留恋于花香不忍离开去做它的正事？如果你在地上碰巧遇到匆忙赶路的虎甲，会想象昨天晚上它进行了几番杀戮，喉咙处是否还留有猎物的残渣？

◆ 展翅欲飞的瓢虫

观察昆虫，需要我们走出去，走进昆虫生活的世界。了解昆虫，还可以通过参观昆虫博物馆、观看纪录片、阅读科普书和科普文章，来认识昆虫；也可以像一些昆虫爱好者那样，饲养独角仙类的昆虫宠物，近距离地观察昆虫。

如果真正深入了解了昆虫，或许你会变成一名昆虫爱好者，不仅会买一些摄影设备经常拍昆虫，还会经常在朋友圈、微博、短视频等平台分享拍摄到的昆虫图片和视频，感染和启发身边更多的人加入爱虫族。

请问你知道昆虫的 6 条腿是如何走路的吗？它先迈开哪条腿，如何自在地交错行走或快速跑步吗？你知道小小的蚊子是如何把它“软弱”的针管快速地插入你的皮肤的吗？

我们走进大自然，走近昆虫，最大的收获是：你会被神奇的昆虫世界深深吸引，自觉学习和丰富相关科学知识，陶冶情操，增加对大自然的热爱和对所有生命体尊重的情感。

昆虫如窗，昆虫如镜，走近昆虫，我们得以观察和了解它们，并爱上与我们不同的生命形式。

◆ 红螽斯

参考文献

［法］让–亨利·法布尔：《昆虫记》，刘莹莹、王琪译，译林出版社 2019 年版。

［美］罗伯特·埃文斯·斯诺德格拉斯：《昆虫的生存之道》，邢锡范、全春阳译，东方出版中心 2016 年版。

［英］DK 出版社：《DK 动物百科系列·虫》，文星译，科学普及出版社 2020 年版。

［英］马琳·祖克：《昆虫的私生活》，王紫辰译，商务印书馆 2017 年版。

［美］休·莱佛士：《昆虫志》，陈荣彬译，北京联合出版公司 2019 年版。

张古忍、张丹丹、陈振耀：《昆虫世界与人类社会》（第三版），中山大学出版社 2016 年版。

邸济民：《河北昆虫生态图鉴》，科学出版社 2021 年版。

张巍巍、李元胜：《中国昆虫生态大图鉴》，重庆大学出版社 2011 年版。

陆生作：《虫子有故事》，化学工业出版社 2019 年版。

朱赢椿：《虫子旁》，湖南人民出版社 2013 年版。

虞国跃、王合、冯术快：《王家园昆虫》，科学出版社 2016 年版。

虞国跃：《北京蛾类图谱》，科学出版社 2014 年版。

《河北森林昆虫图册》编写组：《河北森林昆虫图册》，河北科学技术出版社 1985 年版。

萧刚柔、李镇宇：《中国森林昆虫》（第三版），中国林业出版社 2020 年版。

杨小峰：《追随昆虫》，商务印书馆 2020 年版。